快感数学ドリル

思わず大人も没頭する
文章題と図形の問題

間地秀三

SB Creative

著者プロフィール

間地秀三（まじ・しゅうぞう）

1950年生まれ。数学専門塾「ピタゴラス」主宰。長年にわたり、小学・中学・高校生に数学の個人指導を行う。学校や大手塾の授業でつまずいた子どもたちも志望校合格に導き、その経験から生み出した数学・算数のマスター法を書籍で多数発表。子どもだけでなくその親、一般の大人にも好評を博する。著書に『小学校6年間の算数が6時間でわかる本』『中学3年間の数学を8時間でやり直す本』（ともにPHP研究所）、『見るだけでストン！と頭に入る 中学数学』（青春出版社）などがある。

本文デザイン・アートディレクション：クニメディア株式会社
イラスト：保田正和
校正：曽根信寿

　私たちは日々、ただ歩いたり、走ったりするだけで、ある程度、体力の減退を防ぐことができます。しかし、ときには歩くコースを変えて楽しんだり、新しい走り方を模索してみたり、スポーツとして試合に出場したり、といったことがなければ、「やりがい」を感じにくいものです。

　それは、単純な計算問題を続けていると、だんだん手ごたえがなくなり、飽きてくるのに似ています。やはり多少は、文章題や図形の問題にも取り組んだほうが、「頭がさえた感じ」「知的な喜び」も得やすいのではないでしょうか？

　「それは『スラスラ解けたら』の話じゃないの？」とおっしゃる方もいると思います。その通り、算数や数学がおもしろいかどうか、その分かれ目はハッキリしています。問題が解けたり、理解できたりすればおもしろいし、そうでなければおもしろくない、それだけです。子どもも大人も、それは変わりません。

　一方で皆さん、小学校で習うかんたんな計算であれば、ミスや飽きはあっても、「歯が立たない」ことは少なかったはずです。

けれど、中学入試に出てくるような問題は違います。大人でも「えっ？　どう解くの？」と困りそうなものがありますね。ここでつまずいたり、中学から算数が数学になったとたん、むずかしく感じたりして、おもしろくなくなったという方も多いはずです。

　算数や数学から離れて久しぶりにやってみて、中学入試レベルの問題がサクサク解け、数学への苦手意識も薄まったら、これはもう、おもしろくてやめられないのではないでしょうか。本書はそれを可能にする本です。

　そのために、27テーマの問題について、おのおの1問目はちょっと考えて「解き方」を見ればよく、2問目から気楽に「チャレンジ」できるという形にしました。テンポよく、ゲーム感覚で楽しんでいただけると思います。

　そして、直感的に理解できるよう、可能なかぎり図解を盛り込んで説明しています。要領のいい理屈の立て方や図を使った解き方が身につけば、新手の問題も、自然に解けるようになるでしょう。その力試しとして、巻末に「いきなりチャレンジ」のコーナーを設けています。

　数や図形の基本的な性質を利用して、頭を働かせれば解けるものを中心に出題しました。むずかしい公式などは使いません。ただ、「わかっていない数」については、

小学生らしい「□」より、大人になじみ深い「x」をよく使っています。ちなみに、xは中学校で習った方が多いと思いますが、2020年現在は、小学校6年生ぐらいで教わります。

　□とxは厳密にいうと別のものですが、この本ではむずかしくとらえず、同じと考えていただいてかまいません（xを使う一般的な式のように、かけ算の「×」を省略したり、割り算の「÷」をすべて分数にしたりもしていません）。

　本書では「算数と数学のあいだ」が楽しめますから、「近ごろ、スマホを触ってばかりで、思考力や計算力が落ちたのでは？」という方も、頭の体操のつもりでお試しいただけると幸いです。1日1テーマ、ちょっとした空き時間に進めていただき、1か月後、「昔のさえた頭に戻った！」と実感してくださったら、本当にうれしく思います。

若（わか）い読者（どくしゃ）の皆（みな）さんへ

　これは大人（おとな）向けの本（ほん）ですが、手（て）に取（と）ってくださった小学生（しょうがくせい）や中学生（ちゅうがくせい）もいるかもしれません。
　むずかしい漢字（かんじ）があったら、おうちの方（かた）に聞（き）いたり、辞書（じしょ）で調（しら）べたりしてください。学校（がっこう）のテストなどで解（と）き方（かた）を答（こた）えるときは、ふだん習（なら）っている先生（せんせい）と同（おな）じような書（か）き方（かた）にしましょう。ご自分（じぶん）で図（ず）を描（か）いて解（と）くときも、色（いろ）などはつけなくてかまいません。できるだけ単純（たんじゅん）な図（ず）がよいでしょう。

思わず大人も没頭する文章題と図形の問題

快感数学ドリル

CONTENTS

肩慣らしクイズ

次の3つの式が成り立つとき、

○に入る数字は?

$$\begin{cases} ○+□=33 \\ ♥+♥=18 \\ □+♥=24 \end{cases}$$

解き方

　何事も「できるところから、順番にやっていく」が基本です。本問では「♥＝18÷2＝9」が最初の手がかりです。

　あとは□＝24－9＝15、○＝33－15＝18と、芋づる式に求められます。

答え　18

★★★★★

1 三角形の外側には

xの角度は？

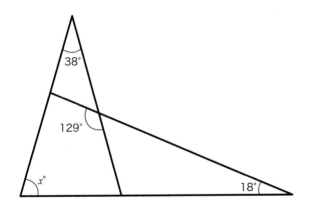

ヒント

角度の合計に注目！

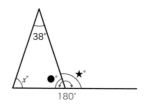

三角形の内角の和（中の
角度の合計）は180°なので、

$$x + 38 + ● = 180 (°)$$

直線の角度は180°なので、

$$★ + ● = 180 (°)$$

上の2式を見比べると、$x + 38 = ★$ と気づきます。ということは、★がわかれば、xもわかりそうです。

ここで、下図の青い三角形に注目してみましょう。

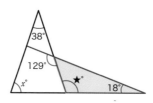

最初に注目した三角形と同様に、$★ + 18 = 129 (°)$ ですから、

$$★ = 129 - 18$$
$$= 111 (°)$$

これで、先ほどの $x + 38$ が111に等しいとわかったので、

$$x = 111 - 38$$
$$= 73 (°)$$

答え　73°

チャレンジ

xの角度は？

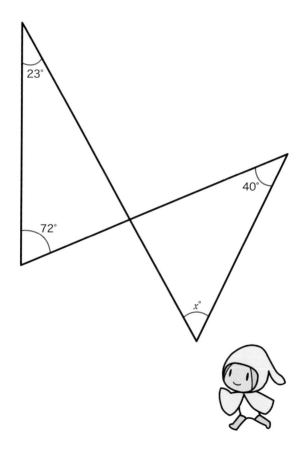

解き方

　前の問題から、右図におい
て、■ + ▲ = ★になることが
わかりました。★の角を「外角」
といいます。この問題でも外
角に注目します。

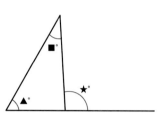

　では、下図左の青い三角形を見てみましょう。

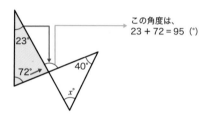

この角度は、
23 + 72 = 95（°）

　次に、下図右の黄緑の三角形に注目します。

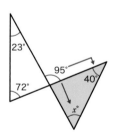

　　　$x + 40 = 95$（°）ですね。すると、

　　　　　$x = 95 - 40$

　　　　　　 $= 55$（°）

答え　55°

12

チャレンジ

xの角度は？

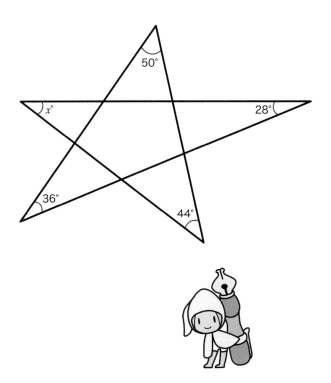

解き方

まず、下図の青い三角形に注目します。

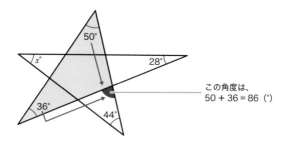

この角度は、
50 + 36 = 86（°）

次に、下図の黄緑の三角形に注目します。

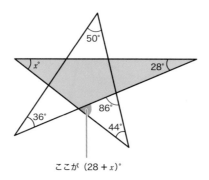

ここが $(28 + x)°$

三角形の内角の和は $180°$ だから、

$$(28 + x) + 44 + 86 = 180$$
$$x = 180 - 28 - 44 - 86$$
$$= 22（°）$$

答え　22°

2 余分のあつかい方

3500円をAさんとBさんで分けます。

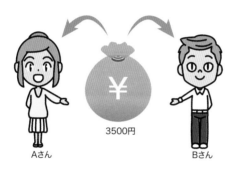

3500円

Aさん　　　　　　　　　　　　　Bさん

Aさんの分は、Bさんの分の4倍より500円多くなりました。
Bさんはいくら受け取ったのでしょう？

Aさん

Bさん

解き方

　本問がおもしろいのは、「4倍」と「500円多く」が組み合わさっているところです。このような計算は、分配算と呼ばれますが、下図のような線分図にすると意外にかんたんです。

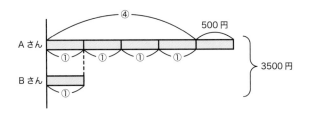

　ただ、500円が少しジャマに見えますね。カットしましょう。

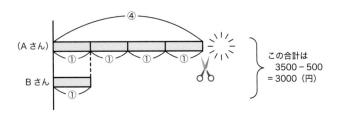

　これでスッキリした関係になりました。Bさんの受け取ったお金の5倍が3000円ですから、Bさんの受け取ったお金は、

$$3000 ÷ 5 = 600（円）$$

答え　600円

チャレンジ

まわりの長さが50cmの長方形があります。

縦の長さは、横の長さよりも3cm長くなっています。

この長方形の面積は？

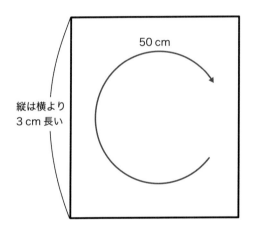

50 cm

縦は横より
3 cm 長い

　長方形は、縦と横、2本ずつの線でできています。まわりの長さを半分にすれば、「縦 + 横」の長さになります。つまり、縦と横の長さの合計は、

$$50 \div 2 = 25 \,(\mathrm{cm})$$

です。線分図にしてみましょう。

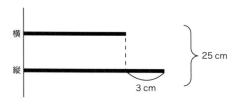

　前問よりシンプルですね（和差算などと呼ばれます）。余分に見える3cmをカットします。

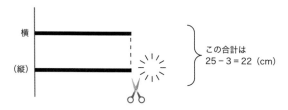

　横の長さは22 ÷ 2 = 11 (cm) です。縦はそれより3cm長いので、11 + 3 = 14 (cm)。ですから面積は、

$$11 \times 14 = 154 \,(\mathrm{cm}^2)$$

答え　154cm²

チャレンジ

赤・青・黄と、色が違う3本のテープがあります。
赤は青より15cm短く、黄は赤より30cm長く、
青と黄の長さの合計は315cmです。
赤のテープは何cmでしょう？

とにかく線分図を描きます。

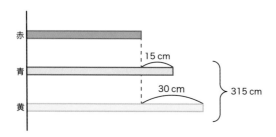

15 cmと30 cmが余分に見えますね。カットしましょう。

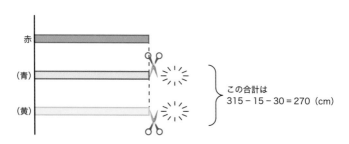

上図を見ればわかりますね。赤のテープは、

$$270 \div 2 = 135 \,(\text{cm})$$

答え　135 cm

　もしこの問題で、赤ではなく黄のテープの長さを聞かれていたとしたら、青と黄を比べて、青に不足の30 − 15 = 15（cm）をプラスするとスッキリ計算できます。

♦♦♦♦♦

3 面積は芋づる式に

長方形でできている図形があります。
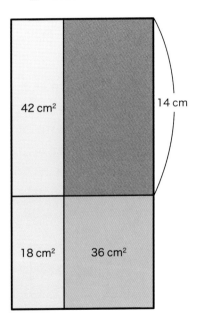の面積は？

| 42 cm² | |
| 18 cm² | 36 cm² |

14 cm

ヒント

わかるところからどんどん図に書き込んでいきます！

21

「長方形の面積＝縦の長さ×横の長さ」ですから、面積と、縦か横の長さがわかっていれば、もう一方の長さがわかります。たとえば、下の左図を見たら、右図のように書き込めばいいのです。

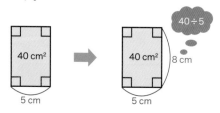

ほら、これで縦の長さがわかりましたね。縦横が逆でも、長さや面積が変わっても、基本は同じです。

ほかに、何かと何かを比べて長さがわかる場合もあります。下図をごらんください。縦の長さが同じですから、面積が2倍になっていたら、横の長さは2倍でなくてはなりません。

面積の問題を考えるとき、高さや幅が同じ形があったら、注目してみると何かわかるかもしません。

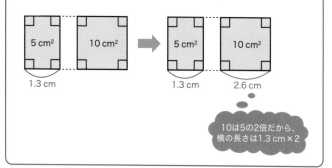

解き方

　最初は、問題を解く手がかりが少ないと感じるかもしれません。しかし図をよく見ると、14 cmをスライドできますね。「その長さをスライドさせなくても、ほかの書かれていない長さがわかる！」という場合は、省略してかまいません。

　ともあれ、どんどんわかるところを書き込んでいけば、芋づる式に答えが出ます。

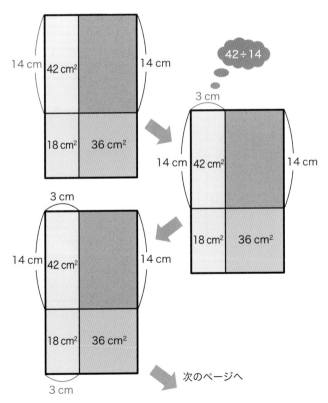

次のページへ

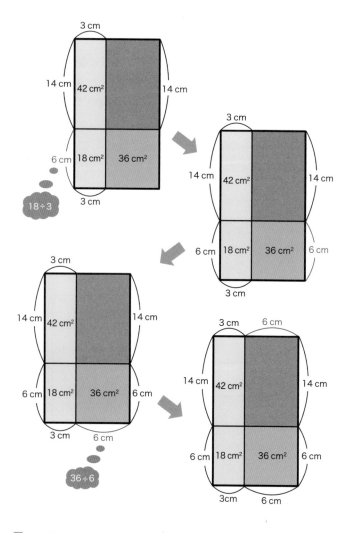

■ の面積は、14 × 6 = 84（cm²）ですね。

答え　84 cm²

チャレンジ

長方形でできている図形があります。
■ の面積は？

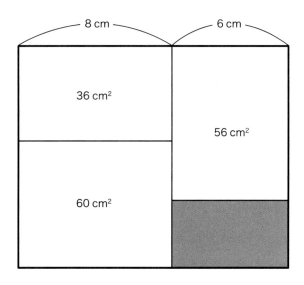

8 cm

6 cm

36 cm²

56 cm²

60 cm²

解き方

　前問のように1つずつ書き込んでいってもいいのですが、縦の長さが同じ長方形（下図の黄緑と青で囲んだ長方形）に注目するとかんたんです。

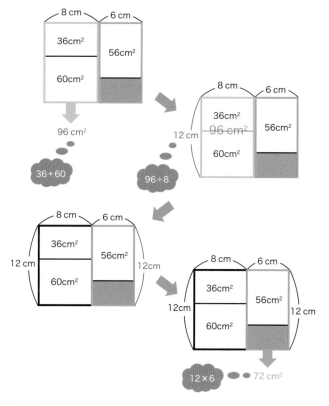

■■■の面積は、72 − 56 = 16（cm²）です。

答え　16cm²

チャレンジ

長方形でできている図形があります。

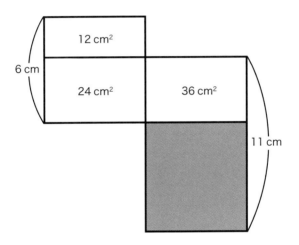の面積は？

解き方

やはり、わかるところから書き込んでいきます。

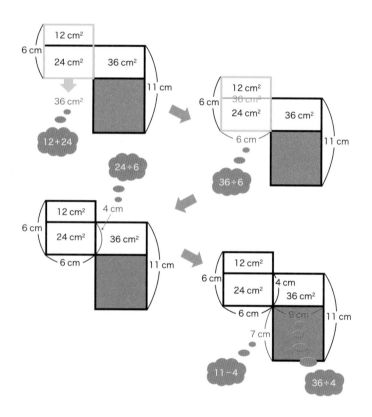

■ の面積は、$7 \times 9 = 63 \, (\text{cm}^2)$ です。なお、この問題には上記以外に、途中で面積の比（p.22）を考えて解く方法もあります。

答え　63 cm²

虫食い算の黄金ルール

□にあてはまる数を書き込んでください。

```
          □ □
      ×   □ □
    ─────────────
      1 1 □
    □ □ □
    ─────────────
    □ 2 □ 1
```

ヒント

どこから手をつけるとよさそう？

　手がかりが少なくて手ごわい虫食い算ですね。こういうかけ算、あるいは割り算の虫食い算は、実はヒントがないのがヒントです。以下の手順で攻めてみると、解けることがあります。

　　　①即わかるところを書き込む
　　　②素数で割れないかチェックする
　　　③1、2、3、と順にあてはめて試す

　②の素数とは、2、3、5、7、11、13……のように、その数と1でしか割り切れない、2以上の数です。
　たとえば4なら4÷2＝2と割り切れ、6なら6÷2＝3と割り切れるので、素数ではありません。ちなみに、これは「整数」の話で、分数や小数などについては、考えに入れません。
　さて、虫食い算で、たとえば何かと何かをかけて91になっていたとき、91を素数、つまり2、3、5、7で割っていきます。すると素数7で割れて、91＝7×13とわかります。
　こういう計算が、虫食い算を解くカギになることはよくあります。素数以外の数を飛ばして、効率よく順繰りにチェックしていけるからです。ただ、小さな素数、たとえば2で割れたら、もう1度、あるいは2度、2で割れないかを確認していくといいでしょう。見落としを減らせます。
　手順の③は、愚直にコツコツ、手作業で攻めてみるということです。とっかかりがないときの最後の手段ですね。
　では、さっそく、この3つの手順でやってみましょう。

解き方

まず、即わかるところを書き込みます。

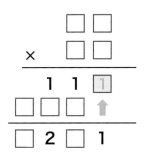

　次に、素数で割れないかチェックします。111は最初の素数の2で割れず、次の素数の3で割れます。

　111 ＝ 3 × 37となり、111は他の数で割れそうにありません。3と37を書き込みます。

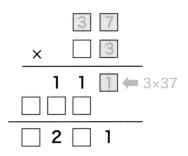

あとは、下記の□さえわかれば解けそうです。

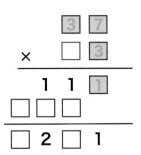

最後に1、2、3……と、順にあてはめて試します。1と2はすぐにいきづまります。3でやってみると、うまくいきます。

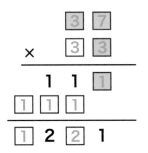

チャレンジ

□にあてはまる数を書き込んでください。

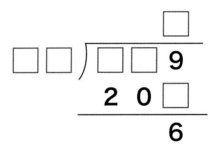

まず、即わかるところを書き込みます。一の位から見ていき、3つの□がうめられます。

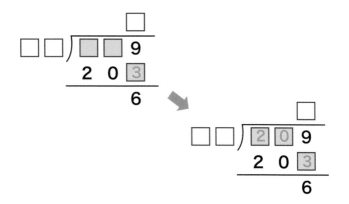

次に、素数で割れないかチェックします。203を2、3、……と素数で割っていくと、7で割り切れます。203 = 7 × 29となり、ピッタリです。

チャレンジ

□にあてはまる数を書き込んでください。

```
      □ □ □
  ×     □ □
  ─────────
      3 0 □
    □ □ □
  ─────────
    5 □ □ 3
```

解き方

まず、即わかるところを書き込みます。

次に、303を素数で割れないかチェックします。2では割れず、3で割り切れました。303 = 3 × 101 です。

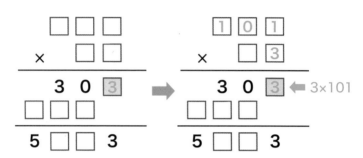

そして下記の□に、1、2、3……と、順にあてはめて試します。または、下のほうをチラッと見て、5からあてはめるとラクができます。

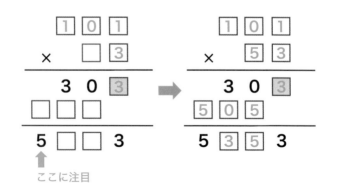

ここに注目

5 あれもこれもツルカメ

ツルとカメが合わせて12匹います。
足の数は、合計で40本です。
ツルとカメはそれぞれ何匹いますか？

ヒント

連立方程式を立てなくても解けます。
ツルとカメの違いは、前足がないかあるかです！
（上図では、前足に手袋をはめて区別しています）

解き方

　このような計算は、鶴亀算と呼ばれます。「もし全部ツル（あるいはカメ）だったら」と考える方法が定番ですが、ツルとカメの違いを把握しておけば、仮定の話をしなくてすみます。

　ツルには後足2本、カメには後足2本と前足2本があります。全部で12匹いるとわかっているので、後足の合計数はすぐ求められます。これを全部の足の数から引けば、カメの前足の分だけが残り、何匹か計算できますね。少しイメージしにくいでしょうか？

　彼らの後足をクツ、前足を手袋で表し、図にまとめてみます。

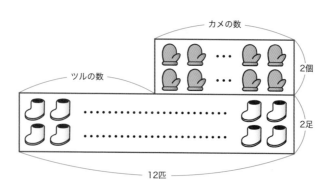

　クツは全員分あるので、$2 \times 12 = 24$（足）。クツと手袋の合計が40個になるとわかっているので、手袋は$40 - 24 = 16$（個）。手袋はカメだけが2個ずつ使うので、カメは$16 \div 2 = 8$（匹）。よって、ツルは$12 - 8 = 4$（匹）です。

答え　ツルが4匹、カメが8匹

チャレンジ

3人がけのテーブルには大人が3人、
5人がけのテーブルには大人が3人と子どもが2人座れます。
これらが合わせて20卓あり、
合計70人が座っていて満席です。
5人がけのテーブルは何卓ありますか？

解き方

　本問もツルとカメの問題と同じです。2種類のテーブルの違いは、子ども用のイス2脚の有無です。それぞれのテーブルに使う大人用のイス、子ども用のイスをイメージすると、下図のようになります。

大人3人だけ　　　　　　　　　　大人3人と子ども2人

　これらが合わせて20卓分、合計70脚です。では、全部のイスを並べてみましょう。

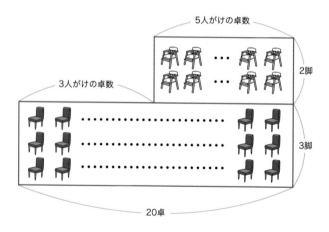

　まず、大人の人数がわかりますね。20 × 3 = 60（人）です。大人と子どもの合計が70人でしたから、子どもは、70 − 60 = 10（人）。よって、5人がけのテーブルは、10 ÷ 2 = 5（卓）。

答え　5卓

チャレンジ

スーパーで100円のお菓子をいくつかカゴに入れ、
それから150円のお菓子も買うことにしました。

100円のお菓子

150円のお菓子

合わせて10個で、1150円を支払いました。
それぞれ何個買ったでしょう？

　少しむずかしくなりました。ここでもやはり、2種類のお菓子の違いに注目します。違うのは値段です。下図のようにおきかえるとわかりやすいですね。

　お菓子が全部で10個、合計1150円ですから、使ったお金を並べてみましょう。今までの鶴亀算と同じです。

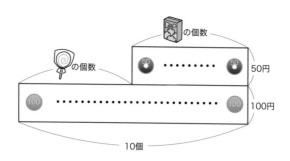

　100円玉の合計金額は、100 × 10 = 1000（円）。これと50円玉の合計金額を合わせると1150円ということですから、50円玉の合計金額は、1150 − 1000 = 150（円）。

　よって、150円のお菓子は、150 ÷ 50 = 3（個）。100円のお菓子が、10 − 3 = 7（個）です。

答え　150円のお菓子が3個、100円のお菓子が7個

6 電車が通過するとき

長さ120 mの電車が長さ880 mのトンネルを通過します。

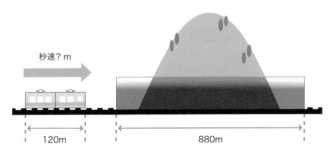

秒速？ m

120m　　　　880m

入りはじめてから出てしまうまでに40秒かかりました。
この電車は秒速何mで走っていたのでしょう？

ヒント

秒速は「1秒間にどれだけ進むか」を表します。
たとえば、9mを3秒で進むなら、秒速は9÷3＝3（m）！

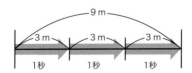

解き方

　このような計算は通過算と呼ばれますが、列車の長さに惑わされがちです。しかし、先頭にいる運転手を想像すればかんたんです。

　まとめると、下図のようになります。

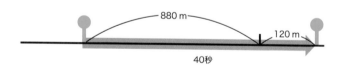

　(880 + 120) m を40秒で進んだとわかります。その秒速は、

$$(880 + 120) \div 40 = 25 \,(\text{m})$$

答え　秒速25m

チャレンジ

長さ150mの列車が、秒速25mでトンネルを通過します。

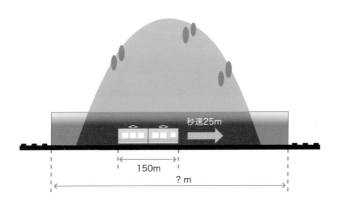

秒速25m

150m

? m

列車が完全にトンネルにかくれている時間は30秒でした。
トンネルの長さは何mですか？

完全にトンネルにかくれているのは、下図上の状態から、下の状態までです。

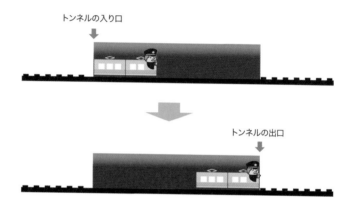

トンネルの入り口

トンネルの出口

まとめると、下図のようになります。

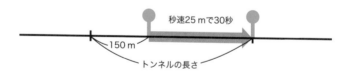

秒速25 mで30秒

150 m

トンネルの長さ

上記より、トンネルの長さは、

$$150 + 25 \times 30 = 900 \,(\text{m})$$

答え　900 m

チャレンジ

長さ320ｍの列車が通るのを、
線路沿いで男の子が見ていました。

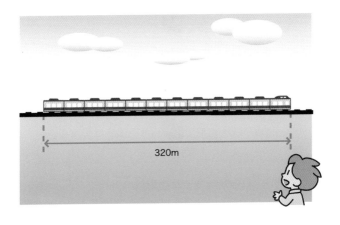

320m

列車が男の子の前を通り過ぎるのに16秒かかりました。
この列車は秒速何ｍで走っていたのでしょう？
列車と比べると、男の子は非常に小さいので、
幅がないものとします。

解き方

　男の子に「幅がないものとする」というのは、実は、ヒントか
もしれません。男の子に注目しすぎず、列車の先頭（運転手）
がどうなっているかをイメージします。

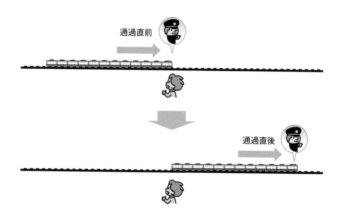

まとめると、下図のようになります。

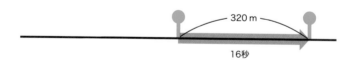

　この列車の秒速は、320 ÷ 16 = 20（m）です。

答え　秒速20 m

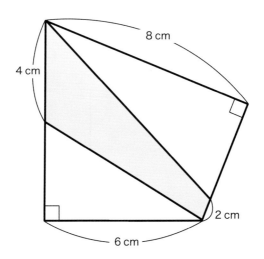

7 少し複雑な面積

青い部分の面積は？

8 cm

4 cm

2 cm

6 cm

ヒント

線を描き加えるとすぐわかります！

　複雑な面積を求める問題はいろいろあります。まず2パターンの求め方を見てみましょう。

パターン1　いくつかに分ける

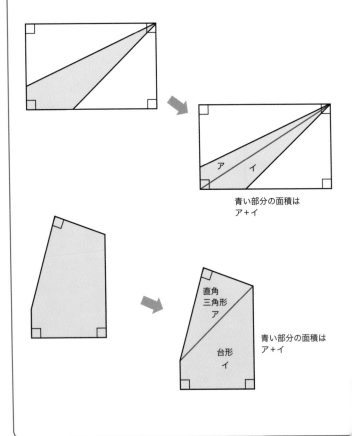

青い部分の面積は
ア＋イ

直角
三角形
ア

台形
イ

青い部分の面積は
ア＋イ

パターン2 足して引く

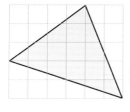

全体が台形になるように
まわりを足す

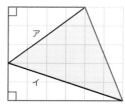

青い部分の面積は
赤で囲んだ台形の面積 − ア − イ

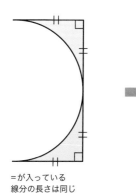

=が入っている
線分の長さは同じ

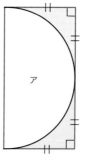

青い部分の面積は
赤で囲んだ長方形の面積 − ア

解き方

　では、問題に戻りましょう。本問はいくつかに分けるパターンです。下図の赤い線（補助線）を引いて分けます。

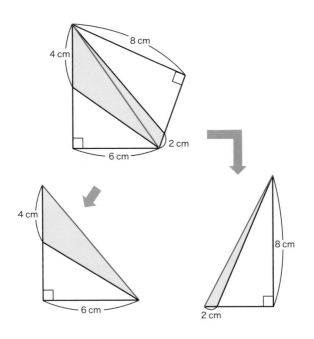

　三角形の面積は「底辺 × 高さ ÷ 2」なので、求める面積は、

$$(4 \times 6 \div 2) + (2 \times 8 \div 2) = 12 + 8$$
$$= 20 \, (\mathrm{cm}^2)$$

答え　20 cm²

チャレンジ

青い部分の面積は？

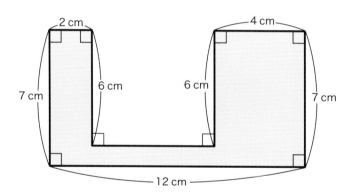

本問は、2パターンのどちらでも解けます。まずは分けてみましょう。

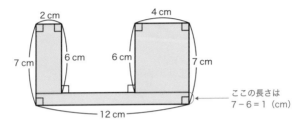

3つの長方形の面積を足して、

$$(6 \times 2) + (1 \times 12) + (6 \times 4) = 12 + 12 + 24$$
$$= 48 \, (\text{cm}^2)$$

次は、足して引くパターンで解きましょう。

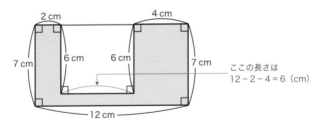

大きな長方形の面積から正方形の面積を引いて、

$$(7 \times 12) - (6 \times 6) = 84 - 36$$
$$= 48 \, (\text{cm}^2)$$

答えは同じですが、こちらのほうが式は短いですね。

答え　48cm^2

チャレンジ

青い部分の面積は？

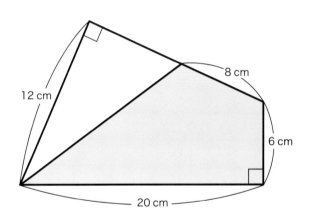

解き方

今度は、分けるパターンがかんたんです。

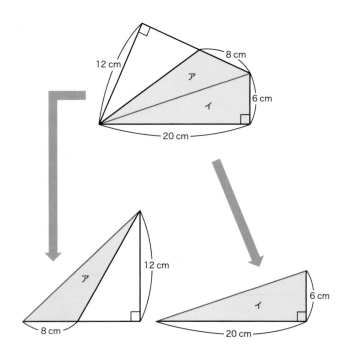

青い部分の面積は、

$$ア + イ = (8 \times 12 \div 2) + (6 \times 20 \div 2)$$
$$= 48 + 60$$
$$= 108 \, (\text{cm}^2)$$

答え　108 cm²

チャレンジ

青い部分の面積は？

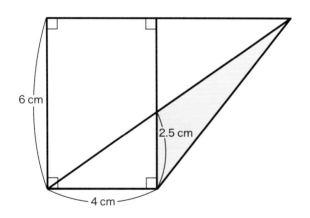

6 cm

2.5 cm

4 cm

　すぐに面積がわかる部分に注目して考えてみましょう。すると、足して引くパターンです。

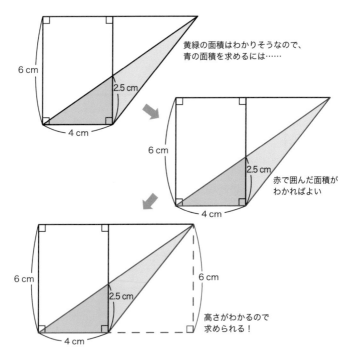

黄緑の面積はわかりそうなので、青の面積を求めるには……

赤で囲んだ面積がわかればよい

高さがわかるので求められる！

　青の面積＝赤で囲んだ面積－黄緑の面積

　　　　＝ $(4 \times 6 \div 2) - (4 \times 2.5 \div 2)$

　　　　＝ $12 - 5$

　　　　＝ $7 \, (\mathrm{cm}^2)$

答え　7 cm²

8 出つつ入りつつの計算

A君が財布にいくら入っているか見てみると、
26000円、ありました。

26000円

今日から、アルバイトで1日4000円を稼ぎながら、
1日6000円を使っていくとします。

4000円

6000円

財布が空になるのは何日目ですか？
ただし今日を1日目とします。

解き方

　このような計算は、ニュートン算と呼ばれます。科学者ニュートンは大学の教授をしていたときもあったのですが、その講義ノートに残された問題が元になっています。牧草が育っていく牧草地で、「牛が何頭いれば、一定日数で草を食べ尽くすか」を求めるものでした。

　本問では、財布の中身は1日に、

$$6000円 - 4000円 = 2000円$$

減ると考えます。

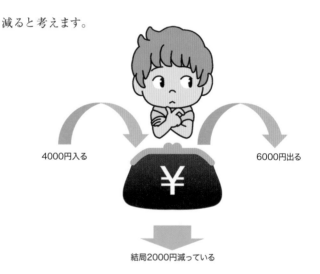

4000円入る　　　　　　　　　　　　　　　　　6000円出る

結局2000円減っている

　これがニュートン算のポイントです。毎日毎日2000円ずつ減っていくので、26000円減るのに、26000 ÷ 2000 = 13（日）かかります。

答え　13日目

チャレンジ

水槽に水が600 L入っています。

600 L

毎分何Lかずつ給水しながら、毎分60 L排水します。

毎分？L

毎分60 L

15分で水槽が空になりました。
毎分何Lずつ給水しましたか？

解き方

毎分 x L 給水するとします。

毎分 x L 入る

毎分 60 L 出る

最終的に空になるので、
出るほうが多いはず

　最終的に空になるので、毎分 $(60 - x)$ L 減っていることになります。15分で減る量は、

$$(60 - x) \times 15 \, (\text{L})$$

これが 600 L だから、

$$(60 - x) \times 15 = 600$$
$$60 - x = 600 \div 15$$
$$= 40$$
$$x = 60 - 40$$
$$= 20 \, (\text{L})$$

答え　20 L

チャレンジ

　ある映画館で開場直前に、120人が並んでいました。
開場後は1つの入り口から毎分何人かずつ入る一方で、
毎分6人ずつ行列に加わりました。

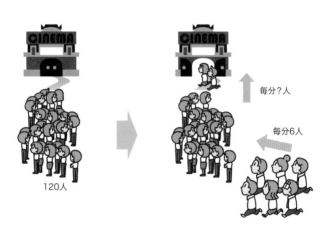

毎分？人

毎分6人

120人

　10分後、行列がなくなりました。
入り口から毎分何人入ったのでしょうか？

開場後、毎分 x 人が映画館に入っていったとします。

毎分 x 人が列から抜ける

毎分6人が列に加わる

最終的に列がなくなるので、
抜けるほうが多いはず

行列の人数は、毎分 $(x-6)$ 人減ります。

10分間に減る人数は、

$$(x-6) \times 10 \,(人)$$

これが120人ですから、

$$
\begin{aligned}
(x-6) \times 10 &= 120 \\
x-6 &= 120 \div 10 \\
&= 12 \\
x &= 12+6 \\
&= 18 \,(人)
\end{aligned}
$$

答え　18人

チャレンジ

　Aさんは今の仕事をやめてアルバイトをしながら、新しい仕事をするための勉強をしようと思っています。アルバイトをすると、1日6000円の収入が得られます。

　一方、勉強や生活に1日7500円かかります。

　この場合、貯金を切り崩すことになりますが、300日しかもたないことがわかりました。

　Aさんの貯金はいくらあるのでしょうか？

解き方

　p.59の問題と同じですね。7500 − 6000 = 1500（円）
ずつ、毎日貯金残高が減っていきます。

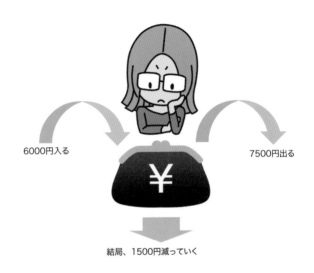

6000円入る

7500円出る

結局、1500円減っていく

　すると、300日で減る額は、

$$1500 \times 300 = 450000（円）$$

　これがAさんの当初の預金額です。

　検算してみましょう。450000円が毎日1500円ずつ減ってい
くと、450000 ÷ 1500 = 300（日）はもちます。合っています。

答え　450000円

9

平均いろいろ

A君、B君、C君の体重の平均は61 kg。
C君の体重は57 kgです。
A君とB君の体重の平均は何kgですか？

このような計算は平均算と呼ばれますが、このぐらいなら、むずかしいことはありません。「平均 = 合計 ÷ 個数」ですから、平均と個数がわかったらすぐ、

平均 × 個数 = 合計

が求められます。これを頭に入れておきましょう。

A君、B君、C君の平均が 61 kg ということなので、3人の体重の合計はすぐわかりますね。

61 × 3 = 183 (kg) です。

合計 183 kg

A君　　　　B君　　　　C君
57 kg

C君の体重は 57 kg とわかっているので、上図から A君と B君の合計は、183 − 57 = 126 (kg) と求められます。

よって、A君と B君の平均は、126 ÷ 2 = 63 (kg)。

答え　63 kg

チャレンジ

　AさんとBさんは宝くじを買いました。
当せん金額はBさんのほうが5400円多く、
　AさんとBさんの平均は12300円でした。
　AさんとBさん、それぞれの当せん金額は？

平均12300円

Aさん

Bさん
Aさんより5400円多い

解き方

AさんとBさん、2人の平均が12300円なので、反射的に、2人の合計額がわかります。

$$12300 \times 2 = 24600 \text{（円）}$$

そこで下図が描けます。

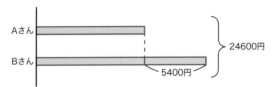

この図は、見覚えがあるでしょう（p.18の和差算）。そうです、余分に見えるところをカットします。

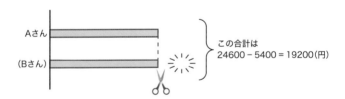

上図より、Aさんの当せん金額は、

$$19200 \div 2 = 9600 \text{（円）}$$

そして、Bさんの当せん金額は、

$$9600 + 5400 = 15000 \text{（円）}$$

答え　Aさんが9600円、Bさんが15000円

チャレンジ

数学のテストがありました。
その結果、Aさん、Bさん、Cさんの平均は82点。
BさんはCさんより6点高く、
AさんはBさんより3点高かったそうです。
Cさんは何点だったのでしょう？

平均82点

Aさん
Bさんより
3点高い

Bさん
Cさんより
6点高い

Cさん

　AさんとBさんとCさん、3人の平均点が82点なので、反射的に3人の合計点は、82×3＝246（点）と求められます。

　そこで、さしあたり下の図が描けます。

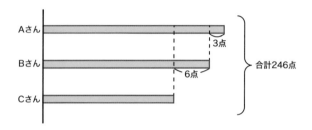

　次は、Cさんの点数を基準に、突き出しているところをカットします。

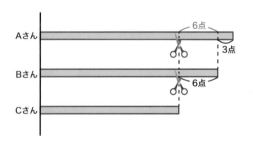

　カットすると、246－（6＋3）－6＝231（点）。

　これがCさんの点数の3倍にあたりますね。つまり、Cさんの点数は、231÷3＝77（点）。

答え　77点

10

共通部分のある図形（基礎編）

半径3cmのおうぎ形と長方形を組み合わせました。

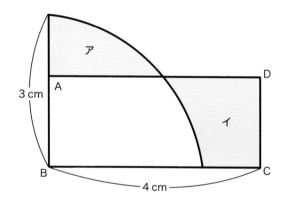

すると、アとイの面積が等しくなりました。

線分CDの長さは何cmでしょう？

ただし、円周率は3.14とします。

解き方

アとイの面積が等しいとき、下の式が成り立ちます。

アの面積 + 共通部分の面積 = イの面積 + 共通部分の面積

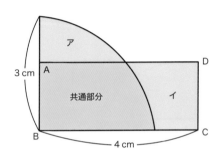

つまり、おうぎ形の面積は、長方形の面積と等しいのです。

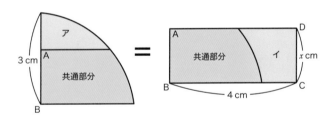

線分CDの長さを x cm とすると、

$$3 \times 3 \times 3.14 \times \frac{90}{360} = 4 \times x$$

$$x = 3 \times 3 \times 3.14 \times \frac{90}{360} \div 4$$

$$= 1.76625 \, (\text{cm})$$

答え　1.76625 cm

チャレンジ

直径12 cmの半円と直角三角形を組み合わせました。

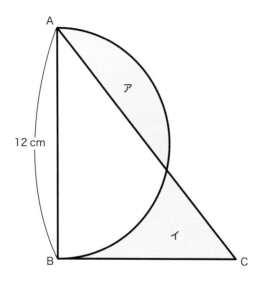

すると、アとイの面積が等しくなりました。
線分BCの長さは何cmでしょう？
ただし、円周率は3.14とします。

解き方

アとイの面積が等しいので、

　アの面積 ＋ 共通部分の面積 ＝ イの面積 ＋ 共通部分の面積

となり、半円と直角三角形の面積が等しいとわかります。

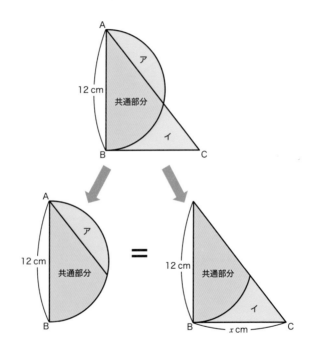

線分BCの長さをx cmとすると、

$$6 \times 6 \times 3.14 \div 2 = x \times 12 \div 2$$
$$x = 9.42 \,(\text{cm})$$

答え　9.42 cm

チャレンジ

1辺が12 cmの正方形を2本の線分で、
下図のように、4つの部分に分けました。

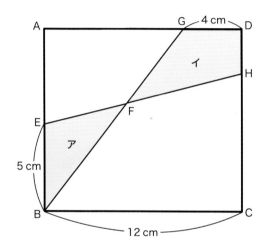

するとアとイの面積が等しくなりました。
線分HCの長さは何cmでしょう?

解き方

アとイの面積が等しいので、

> ア の面積 ＋ 共通部分 の面積 ＝ イ の面積 ＋ 共通部分 の面積

となり、正方形の中にある2つの台形の面積が同じとわかります。

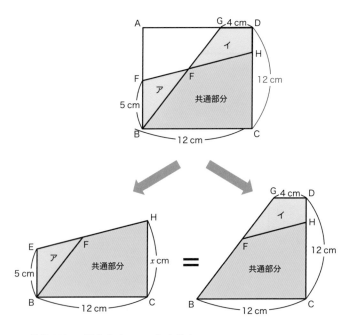

線分HCの長さをを x cmとすると、

$$(5 + x) \times 12 \div 2 = (4 + 12) \times 12 \div 2$$
$$5 + x = 4 + 12$$
$$x = 4 + 12 - 5 = 11 \, (\text{cm})$$

答え　11 cm

11 仕事の量はどう数える？

Aさん1人なら12時間、
AさんとBさん、2人がかりなら
4時間で終わる仕事があります。

Aさん1人なら12時間

AさんとBさんなら4時間

この仕事をBさんが1人ですると何時間でできますか？

Bさん1人なら？

解き方

　このような計算を仕事算といいますが、本問では、仕事をすべて「時間」で表しています。時間を基準にして考えましょう。

　本問の仕事を、Aさんは12時間で終わらせるといいます。それは、Aさんは1時間でこの仕事の $\frac{1}{12}$ ができるということです。AさんとBさんで仕事をする場合も同様に考えましょう。

┌─ Aさん ─────────	┌─ AさんとBさん ─────
12時間→仕事の全部	4時間→仕事の全部
1時間→仕事の $\frac{1}{12}$	1時間→仕事の $\frac{1}{4}$

　AさんとBさんで仕事をしたほうが、同じ1時間でもたくさん進みますね。その差は、Bさんが仕事をした分です。

　Bさんは1時間に、仕事の

$$\frac{1}{4} - \frac{1}{12} = \frac{3}{12} - \frac{1}{12} = \frac{2}{12} = \frac{1}{6}$$

を終えられるということです。Bさん1人なら、6時間でこの仕事が終わるとわかりますね。

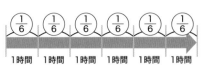

　実際、$1 \div \frac{1}{6} = 1 \times \frac{6}{1} = 6$（時間）という計算ができます。最初から仕事全体を1ととらえて解いてもいいでしょう。

答え　6時間

チャレンジ

　ある仕事を終わらせるのに、田中さんは60分、
山田さんは30分、山本さんは20分かかります。
この仕事を3人ですると、何分で終わらせることができますか？

田中さん1人なら60分

山田さん1人なら30分

山本さん1人なら20分

3人なら何分？

解き方

　前問のように2人ではなく3人になりましたが、仕事全体を1として、考えていきます。

田中さん
60分→「1」の仕事　　　1分→「$\frac{1}{60}$」の仕事

山田さん
30分→「1」の仕事　　　1分→「$\frac{1}{30}$」の仕事

山本さん
20分→「1」の仕事　　　1分→「$\frac{1}{20}$」の仕事

　3人で1分間にできる仕事の量は、

$$\frac{1}{60} + \frac{1}{30} + \frac{1}{20} = \frac{1}{60} + \frac{2}{60} + \frac{3}{60} = \frac{6}{60} = \frac{1}{10}$$

です。

　そこで、この仕事を3人ですると、

$$1 \div \frac{1}{10} = 1 \times \frac{10}{1} = 10 \text{（分）}$$

答え　10分

チャレンジ

　ある製品をつくるのに、Aさん1人だと8時間、
　　　Bさん1人だと10時間かかります。

Aさん1人なら8時間

Bさん1人なら10時間

　同じ製品をつくるのに、2人で3時間作業したあと、
　　　残った仕事をBさんが1人でしました。
　Bさんが1人で働いたのは何時間何分でしょうか？

AさんとBさんで3時間

残りをBさん1人で何時間？

解き方

仕事全体を1とすると、次のようになります。

Aさん
8時間→「1」の仕事　　1時間→「$\frac{1}{8}$」の仕事

Bさん
10時間→「1」の仕事　　1時間→「$\frac{1}{10}$」の仕事

AさんとBさんが一緒に仕事をすると、1時間に、

$$\frac{1}{8} + \frac{1}{10} = \frac{5}{40} + \frac{4}{40} = \frac{9}{40}$$

の仕事ができます。3時間なら、

$$\frac{9}{40} \times 3 = \frac{27}{40}$$

の仕事は終わっていることになり、残りの仕事は

$$1 - \frac{27}{40} = \frac{40}{40} - \frac{27}{40} = \frac{13}{40}$$

です。

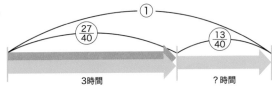

「Bさんだけでする仕事÷Bさんが1時間にする仕事」を計算すれば、1人で働いた時間が出ます。

$$\frac{13}{40} \div \frac{1}{10} = \frac{13}{40} \times \frac{10}{1} = \frac{13}{4} = 3\frac{1}{4} \text{（時間）}$$

$\frac{1}{4}$ 時間は $60 \times \frac{1}{4} = 15$（分）なので、求める時間は3時間15分。

答え　3時間15分

共通部分のある図形 （応用編）

半径3cmのおうぎ形と長方形を組み合わせました。

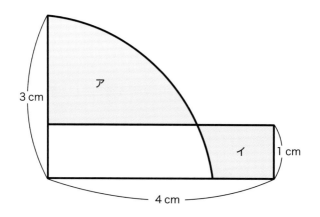

アとイの面積の差は？

ただし、円周率は3.14とします。

解き方

やはり、共通部分に注目します。

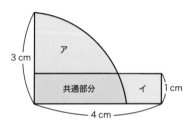

そして、アの面積とイの面積の差を考えましょう。

アの面積 − イの面積 = (アの面積 + 共通部分の面積) − (イの面積 + 共通部分の面積)

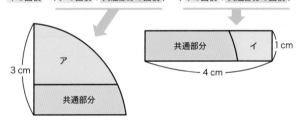

結局、おうぎ形の面積と長方形の面積の差です。求める面積は、

$$\left(3 \times 3 \times 3.14 \times \frac{90}{360} \right) - (4 \times 1)$$
$$= 7.065 - 4$$
$$= 3.065 \, (\text{cm}^2)$$

答え　3.065cm²

チャレンジ

平行四辺形ABCDと長方形AEFDを組み合わせ、
線分を加えました。

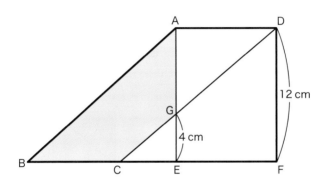

すると、台形ABCGの面積が64cm²になりました。
辺ADの長さは何cmでしょうか？

　平行四辺形と長方形の共通部分、そしてそのまわりに注目します。平行四辺形と長方形の面積は、どちらも、線分ADの長さに12cmをかけたものなので、等しくなります。

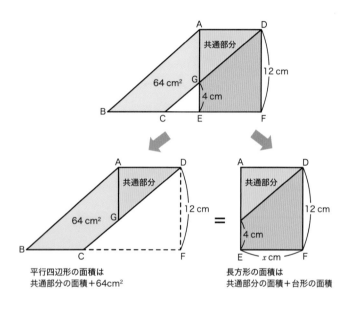

平行四辺形の面積は
共通部分の面積＋64cm²

長方形の面積は
共通部分の面積＋台形の面積

　よって、上図左の64cm²と、右の台形の面積も等しくなります。求める辺ADの長さと等しい辺EFの長さを$x$cmとすると、台形の面積は、

$$(4 + 12) \times x \div 2 = 64$$
$$x = 64 \times 2 \div 16$$
$$= 8 \, (\text{cm})$$

答え　8cm

チャレンジ

おうぎ形の中に直角三角形2つを入れました。

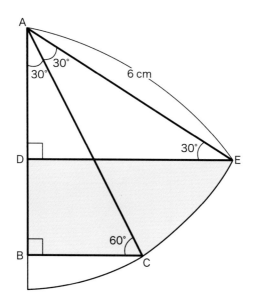

このとき、青い部分の面積は？
ただし円周率は3.14とします。

ヒント

三角形ABCと三角形EDAは合同
（形も大きさも同じ図形です）！

　三角形ABCと三角形EDAはそれぞれの角度が同じです。さらに、辺ACと辺AEは同じおうぎ形の半径で、長さが等しいため、互いに合同（どちらかを回転・反転させればピッタリ重なる図形）です。そのため当然、面積も等しくなります。

　　　三角形ABCの面積 ＝ 三角形EDAの面積

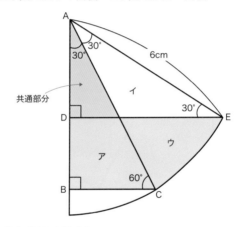

　上の式を分けて書くと、

　　アの面積 ＋ 共通部分の面積 ＝ イの面積 ＋ 共通部分の面積

　　　　　　　よって、アの面積 ＝ イの面積

　ですから、青い部分の面積は、

　　アの面積 ＋ ウの面積 ＝ イの面積 ＋ ウの面積

となり、おうぎ形ACEの面積と同じです。よって、

$$6 \times 6 \times 3.14 \times \frac{30}{360} = 9.42 \, (\text{cm}^2)$$

答え　9.42cm²

13 大勢の仕事を考える

8人なら12日で終わる仕事があります。

この仕事に、まず6日間は10人で取り組み、
残りを9人でこなすとします。

最初の6日間だけ参加

この残りは、何日で仕上げることができますか？

　1人が1日に1山分の仕事をすると考えてみましょう。8人が1日働くと8山、12日間で8×12＝96（山）分が終わります。

×12＝96（山）

　10人が6日間働くと、1日に10山、6日間で10×6＝60（山）分が終わります。

×6＝60（山）

　つまり、96－60＝36（山）分の仕事が残っていることになります。これについては、9人なら1日に9山こなせることから、36÷9＝4（日）で終わります。

　なお、「8人が12日間」は、「のべ日数96日」などといいかえられることがあり、このような計算は、のべ算などと呼ばれます。

答え　4日

チャレンジ

1日9時間、7人が働いて、8日間で仕上がる仕事があります。

この仕事に1日4時間ずつ、7人が6日間取り組んで、
残りの仕事を1日7時間ずつ、6人でこなすとします。

最初の6日間だけ参加

この残りは、何日で仕上げることができますか？

解き方

1人が1時間に1山分の仕事をすると考えましょう。

7人が1日9時間ずつ8日間働くと、7人がそれぞれ毎日9山分の仕事をして、それが8日間続くので、9 × 7 × 8 = 504（山）。

×7×8＝504（山）

この仕事に1日4時間ずつ、7人が取り組むということなので、7人が毎日4山分の仕事をし、6日間で4 × 7 × 6 = 168（山）。

×7×6＝168（山）

残りの仕事は504 − 168 = 336（山）です。一方、1日7時間ずつ6人で働くと、1日に7 × 6 = 42（山）分の仕事ができます。

×6×日数＝336（山）

よって、336 ÷ 42 = 8（日）で終わります。

答え　8日

チャレンジ

とあるケーキ屋さんでは、
アルバイトに仕事をお願いしています。
5人に6時間働いてもらったとき、
アルバイト料は、合計27000円でした。

6時間

アルバイトの4人に8時間働いてもらうと、
アルバイト料は、合計いくらになるでしょう？
ただし、時給はみんな同じです。

8時間

　アルバイト料は、「時給(1時間あたりのアルバイト料)×時間」で決まります。そのため、合計時間と合計金額がわかれば、時給がわかります。5人が6時間ずつ働いたときは、5×6＝30(時間)が合計時間です。

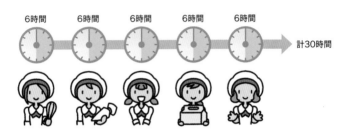

　30時間で27000円なので、時給は、27000÷30＝900(円)とわかります。

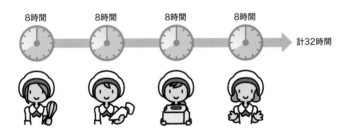

　さて、4人が8時間ずつ働くと、合計時間は、4×8＝32(時間)となります。時給が900円なので、この場合のアルバイト料を合計したものは、900×32＝28800(円)です。

答え　28800円

★★★★★
14 流れにのれば どれだけ速い?

とある川を 48 km 上るのに、船で8時間かかります。

8時間で48 km

この川の流れは時速3 km です。

1時間で3 km

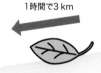

同じ船でこの川を 48 km 下るのに、何時間かかりますか?

何時間で48 km？

ヒント

もし川の流れがなかったら？

　問題をいったんおいておいて、たとえば、流れのない池を
時速5kmで進む船があったとします。

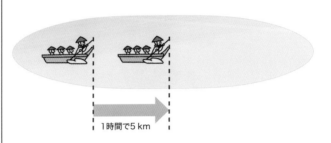

1時間で5km

　次に、この船が、時速2kmで流れる川を上ったとします。

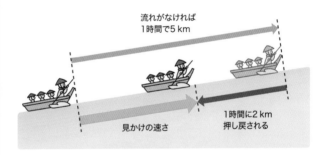

流れがなければ
1時間で5km

見かけの速さ

1時間に2km
押し戻される

　その場合、1時間に5－2＝3（km）上る、つまり時速
3kmとなります。

さらに、この船が下るときの時速を考えてみましょう。やはり、川は時速2kmで流れているとします。

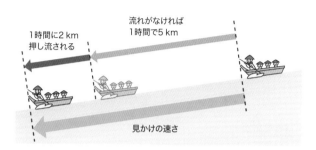

流れがなければ
1時間で5km

1時間に2km
押し流される

見かけの速さ

　時速は、5＋2＝7(km)になりますね。
　結局、川を上るときは、「船の速さ－川の流れの速さ」、川を下るときは「船の速さ＋川の流れの速さ」になるのです。このような計算は流水算と呼ばれています。

船の速さ＋川の流れの速さ

船の速さ－川の流れの速さ

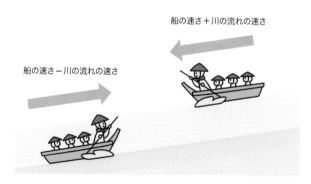

48 km上るのに8時間かかる船の話に戻りましょう。

48 kmを8時間で進むので、見かけの時速は、48 ÷ 8 = 6(km)です。

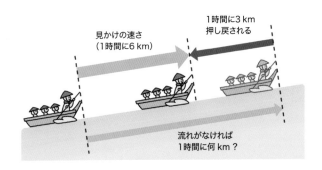

流れが時速3 kmということなので、流れがないときの船の時速は、6 + 3 = 9(km)です。

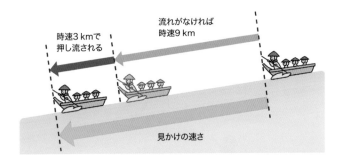

だから、川を下るときの時速は、9 + 3 = 12(km)。48km下るには48 ÷ 12 = 4(時間)かかります。

答え　4時間

チャレンジ

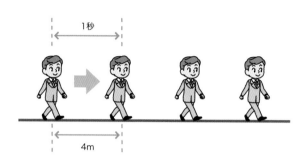

普通の道を秒速4mで歩く人がいます。

この人が長さ120mの「動く歩道」を使いました。

歩道が動く方向と同じ方向に歩いて、

20秒で通り終えました。

動く歩道は秒速何mで動いていますか？

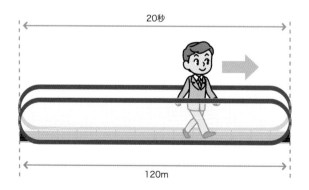

　「動く歩道」は歩く歩道とも呼ばれ、大きな駅や空港で見かけたことがあるのではないでしょうか。乗ればじっとしていても移動でき、歩けばその分、速く進むことができます。ただ、ゆるい坂になっているところなどでは、歩行が禁止されていることが多いので、気をつけましょう。

　さて、この問題では、動く歩道120 mを歩きながら20秒で通り終えたので、見かけの秒速は、120 ÷ 20 = 6 (m) です。

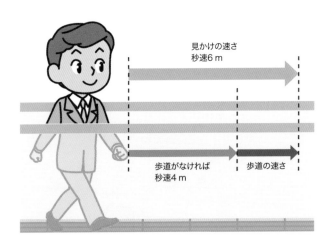

　船の問題と同じく「歩く速さ + 動く歩道の速さ = 見かけの速さ」なので、動く歩道の秒速は、6 − 4 = 2 (m) です。

<u>答え　秒速2m</u>

チャレンジ

川下のA地点から川上のB地点まで60kmあります。
この間を上るのに5時間、
下るのに3時間かかります。

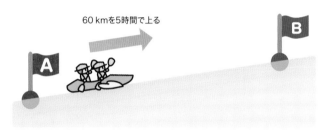

60kmを5時間で上る

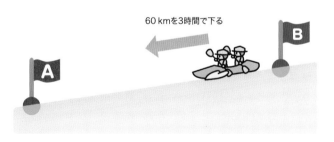

60kmを3時間で下る

川の流れは時速何kmでしょうか？

　上りの見かけの時速は、60÷5＝12（km）、下りの見かけの時速は、60÷3＝20（km）です。

　また、上りの見かけの速さは「船の速さ－川の流れの速さ」、下りの見かけの速さは「船の速さ＋川の流れの速さ」でした。図にまとめると下のようになります。

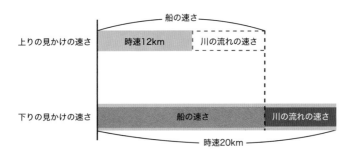

　下りと上りの時速の差、20－12＝8（km）は、川の流れの時速の2倍です。よって、川の時速は8÷2＝4（km）。

　検算してみると、船の時速は「上りの見かけの速さ＋川の速さ」で、12＋4＝16（km）。川の時速4kmを足すと、下りの見かけの時速20kmにピッタリです。

答え　時速4km

15 アナログ時計で頭の体操

5時から6時の間で、
長針と短針が重なるのは5時何分でしょう？

解き方

　時計の長針は速く、短針はゆっくり動きます。そのことを利用した問題が、このような時計算です。長針と短針が重なるのは、長針が短針に追いつくときですから、まずはそれぞれの動く速さを考えてみましょう。

　長針は1時間 (60分) をかけて1周、つまり360°動きます。その分速は、360 ÷ 60 = 6 (°) です。

　短針は1時間 (60分) で、360 ÷ 12 = 30 (°) 動きます。その分速は、30 ÷ 60 = 0.5 (°) です。

　5時きっかりのとき、短針は長針の150°先にあります。その状態から、毎分 (6 − 0.5)°ずつ、長針は短針に近づきます。

　長針が短針に追いつく (重なる) のは、

$$150 \div (6 - 0.5) = 150 \div 5.5$$

$$= 150 \div \frac{55}{10}$$

$$= 150 \times \frac{10}{55}$$

$$= \frac{300}{11}$$

$$= 27\frac{3}{11} \ (\text{分後})$$

答え　5時27$\frac{3}{11}$分

チャレンジ

2時と3時の間で長針と短針が
一直線となるのは2時何分ですか？

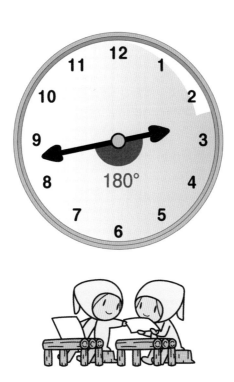

180°

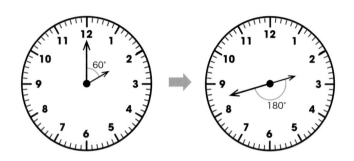

　2時きっかりのとき、短針は長針の60°先にあります。前問の通り、長針は毎分 (6 − 0.5)°ずつ短針より速く進んで、短針に追いつきます。さらに、やはり毎分 (6 − 0.5)°ずつ短針より速く進んで、短針を引き離します。そうして一直線、つまり180°になるわけです。

　つまり、(60 + 180)°の差を、1分で (6 − 0.5)°ずつ、つめていくということです。それにかかる時間は、

$$(60 + 180) \div (6 - 0.5) = 240 \div 5.5$$
$$= 240 \div \frac{55}{10}$$
$$= 240 \times \frac{10}{55}$$
$$= 240 \times \frac{2}{11}$$
$$= \frac{480}{11}$$
$$= 43\frac{7}{11} \ (分)$$

答え　2時43$\frac{7}{11}$分

チャレンジ

4時と5時の間で、
長針と短針がはじめて
直角となるのは4時何分ですか？

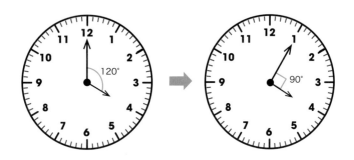

4時きっかりのとき、長針と短針のつくる角度は120°です。90°になったということは、長針が短針に、1分で $(6 - 0.5)$° ずつ、合計 $(120 - 90)$° 近づいたということです。

それにかかる時間は、

$$(120 - 90) \div (6 - 0.5) = 30 \div 5.5$$

$$= 30 \div \frac{55}{10}$$

$$= 30 \times \frac{10}{55}$$

$$= 30 \times \frac{2}{11}$$

$$= \frac{60}{11}$$

$$= 5\frac{5}{11} \ (分)$$

答え　4時$5\frac{5}{11}$分

16 直角三角形をまっぷたつ

点Oは、直角三角形の斜辺の中点です。

xの角度は？

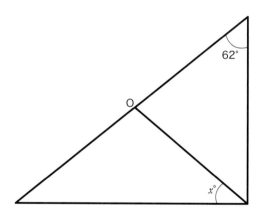

ヒント

中点とは真ん中の点。

正確には両端からの距離が等しい点！

　直角三角形は長方形の半分です。また長方形では、2本の対角線の長さが等しく、お互いに中点で交わります。

　そのため、下図の黄色の三角形は、二等辺三角形だとわかります。二等辺三角形の2つの底角は等しいので、左側の底角も$x°$となります。

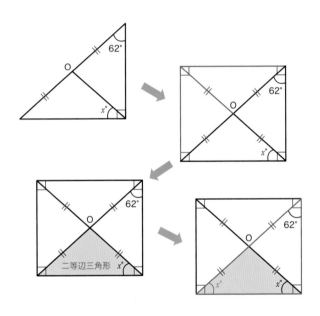

　赤で囲んだ三角形において、xの角度は、

$$180 - 90 - 62 = 28 \, (°)$$

答え　28°

チャレンジ

Oは直角三角形の斜辺の中点です。
xの角度は？

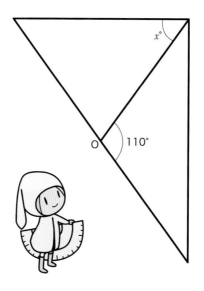

解き方

　やはり、直角三角形は長方形の半分ですから、Oが頂点となっている二等辺三角形に注目します。

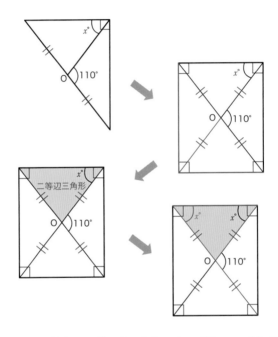

　三角形の外角は、離れた2内角の和に等しいので（p.12）、

$$x + x = 110$$
$$x \times 2 = 110$$
$$x = 110 \div 2$$
$$= 55 \, (°)$$

答え　55°

チャレンジ

Oは直角三角形の斜辺の中点です。
xの角度は？

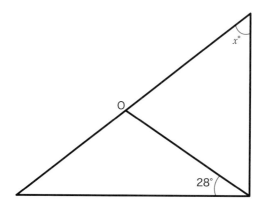

解き方

前問と同様、Oが頂点となっている二等辺三角形に注目します。

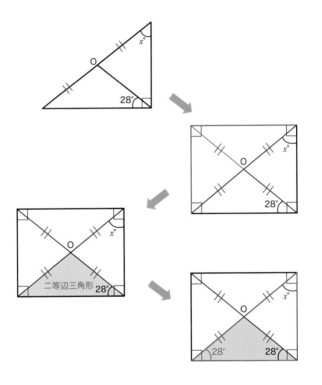

赤で囲んだ三角形において、xの角度は、

$$180 - 90 - 28 = 62\,(°)$$

答え　62°

♦♦♦♦♦
17　1個の値段はいくら？

アンパン1個とメロンパン2個を買うと260円、
アンパン2個とメロンパン3個を買うと430円です。

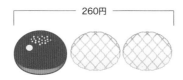

260円

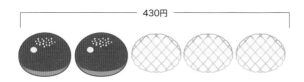

430円

アンパンとメロンパン、それぞれ1個の値段は？

ヒント

何かをそろえると、わかります！

2つの組み合わせを比べると、下図のようになります。

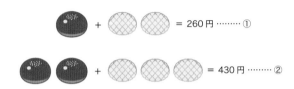

なんだかバラバラでわかりにくいですね。しかし、①を2倍すると、アンパンの個数がそろいます。メロンパンは2×2＝4（個）となり、合計金額は260×2＝520（円）です。

①×2と②を見比べてみましょう。メロンパン1個の値段がわかりますね。520－430＝90（円）です。アンパンを消すようにするので、このような計算は消去算と呼ばれます。

さて、メロンパン1個の値段を①に代入すると、アンパン1個の値段に90×2（円）を加えたものが、260円とわかります。

つまり、アンパン1個の値段は、

$$260 - 90 \times 2 = 80（円）$$

答え　アンパンは80円、メロンパンは90円

チャレンジ

2種類の商品、AとBがあります。
Aを2個、Bを3個買うと1410円、
Aを3個、Bを5個買うと2280円です。

Aを2個   Bを3個

─── 1410円 ───

Aを3個   Bを5個

─── 2280円 ───

AとB、それぞれ1個の値段は？

解き方

2つの組み合わせをまとめてみましょう。

$$A × 2 + B × 3 = 1410 （円）$$ ………①

$$A × 3 + B × 5 = 2280 （円）$$ ………②

Aの個数をそろえるために、①を3倍、②を2倍します。

$$A × 6 + B × 9 = 4230 （円）$$ ……… ①×3
$$A × 6 + B × 10 = 4560 （円）$$ ……… ②×2

①×3と②×2を見比べると、Bの1個の値段は、

$$4560 − 4230 = 330 （円）$$

これを①に代入すると、

$$A × 2 + 330 × 3 = 1410$$
$$A × 2 = 1410 − 330 × 3$$
$$= 420$$
$$A = 210 （円）$$

答え　Aは210円、Bは330円

チャレンジ

A君は3000円を持ってケーキ屋さんにいきました。

プリン6個とケーキ8個を買うと80円足りません。

プリン8個とケーキ6個を買うと60円余ります。

ケーキ1個の値段は？

　3000円持っていて、「プリン6個とケーキ8個を買うと80円足りません」というとき、プリンを「プ」、ケーキを「ケ」と表すと、

$$プ × 6 + ケ × 8 = 3000 + 80$$
$$= 3080 （円）……… ①$$

　同様に、「プリン8個とケーキ6個を買うと60円余ります」をまとめると、

$$プ × 8 + ケ × 6 = 3000 - 60$$
$$= 2940 （円）……… ②$$

となります。ここで、プリンの個数をそろえるために①を4倍、②を3倍します。

$$プ × 24 + ケ × 32 = 12320 （円）……… ① × 4$$
$$プ × 24 + ケ × 18 = 8820 （円）……… ② × 3$$

　①×4と②×3を見比べると、32 - 18 = 14（個）のケーキが、12320 - 8820 = 3500（円）とわかります。

　ケーキ1個の値段は、3500 ÷ 14 = 250（円）です。

答え　250円

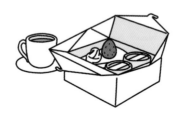

チャレンジ

かき1個の値段でみかんが2個買えます。

かき2個とみかん3個で455円です。

かきとみかん、それぞれ1個の値段は?

ヒント

今までと違う方法で、
かきを消します!

かきを「か」、みかんを「み」と表すと、

か＝み×2（円）…… ①

か×2＋み×3＝455（円）…… ②

となります。①を2倍し、かきの数を2個にそろえます。

か×2＝（み×2）×2

＝み×4 …… ①×2

①×2を②に代入して、

み×4＋み×3＝455

み×7＝455

み＝65（円）

これと①より、

か＝65×2

＝130（円）

答え　かきは130円、みかんは65円

18 利益から原価を割り出す

売り出したときの値段（以下、定価）が
6000円のスニーカーがありました。

10%引きにして、
さらに120円引いて売ったところ、
仕入れ値（以下、原価）の50%の利益がありました。

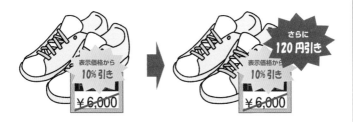

このスニーカーの原価はいくらですか？

　このような計算は、損益算と呼ばれます。利益にはいろいろ
な数え方がありますが、損益算では、単純に、売った値段と
仕入れた値段の差額をもうけと考えます。つまり、

　　　　利益＝売値－原価 ……… ①

と表せます。このうち、まずは売値から考えましょう。定価
6000円の10%引きは、

$$6000 \times (1 - 0.1) = 6000 \times 0.9 \,(\text{円})$$

です。さらに120円引いたということなので、最終的な売値は、

$$(6000 \times 0.9 - 120) \,\text{円} \ ……… \ ②$$

だったことになります。

　利益、原価については、その関係だけがわかっています。原
価をx円とおくと、利益は原価の50%だから、

$$x \times 0.5 \,(\text{円}) \ ……… \ ③$$

です。①に②と③をあてはめると、

```
    利益        売値        原価
   ┌──┐   ┌──────┐   ┌┐
```

$$x \times 0.5 = (6000 \times 0.9 - 120) - x$$
$$x \times 0.5 + x = 5400 - 120$$
$$x \times 1.5 = 5280$$
$$x = 5280 \div 1.5 = 3520 \,(\text{円})$$

答え　3520円

チャレンジ

あるクツに、原価の120%の利益を見込んで定価をつけました。

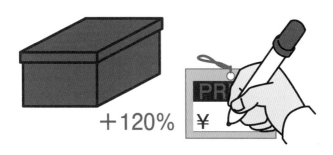

+120%　¥

なかなか売れないので、定価の5500円引きで売りました。

PRICE　¥　SALE　表示価格から 5500 円引き

それでも、売れて原価の1割の利益が出ました。
このクツの原価はいくらでしょう？

　本問はおいておいて、たとえば「原価の100％の利益を見込んで定価をつける」というのは、定価を原価の100％増しに設定するという意味です。つまり、定価は原価の2倍になります。では、問題を解いていきましょう。

　最終的には「利益＝売値−原価」の式を立てますが、やはり、元になる価格、つまり原価をx円としましょう。

　原価の120％の利益を見込んで定価をつけたということですから、定価は$x \times 2.2$（円）です。さらに、売値は定価の5500円引きだから、$(x \times 2.2 - 5500)$円です。

　利益は原価の1割ということでしたから、$x \times 0.1$（円）ですね。

　最終的に下の式にあてはめます。

$$\overset{\text{利益}}{\overbrace{x \times 0.1}} = \overset{\text{売値}}{\overbrace{x \times 2.2 - 5500}} - \overset{\text{原価}}{\overbrace{x}}$$

両辺から$x \times 0.1$を引いて、

$$x \times 2.2 - 5500 - x - x \times 0.1 = 0$$
$$x \times 1.1 - 5500 = 0$$
$$x \times 1.1 = 5500$$
$$x = 5000 \,(円)$$

答え　5000円

チャレンジ

仕入れた目覚まし時計に、
原価の4割の利益を見込んで定価をつけました。

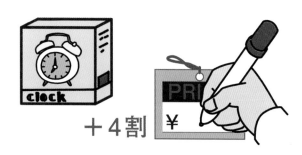

＋4割

売れないので、定価の15％引きで売りました。

表示価格から
15% 引き

売れて228円の利益が出ました。
原価はいくらでしょう？

解き方

原価をx円とすると、定価は原価の4割増しですから、

$$x \times 1.4 \,(\text{円})$$

売値は定価の15%引きということなので、

$$
\begin{aligned}
\text{売値} &= \text{定価} \times (1 - 0.15) \\
&= \text{定価} \times 0.85 \\
&= (x \times 1.4) \times 0.85 \,(\text{円})
\end{aligned}
$$

最終的に下の式にあてはめます。

$$
\begin{array}{ccc}
\text{利益} & \text{売値} & \text{原価} \\
\overbrace{} & \overbrace{} & \overbrace{}
\end{array}
$$

$$228 = x \times 1.4 \times 0.85 - x$$
$$228 = x \times 1.19 - x$$
$$228 = x \times 0.19$$
$$x = 228 \div 0.19 = 1200 \,(\text{円})$$

答え　1200円

　中学入試では、「10%」「20%」といった割合の利益を見込むとする問題を見かけます。ただ、現実には、それでやっていけるお店は少ないでしょう。服や雑貨だと、おおよそ原価率25%、つまり300%の利益を見込んで値づけされる場合もあり、近年は、作り方や売り方を工夫して原価率50%前後とし、お得感を出すお店もあるそうです。

★★★★★
19 三角定規を重ねてみる

1組の三角定規を組み合わせました。

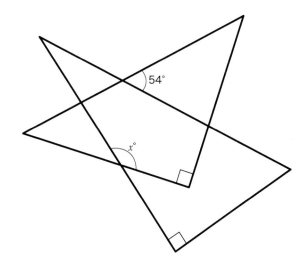

xの角度は？

解き方

三角定規の角度をまず書き込んで、あとはわかるところから求めていきます。

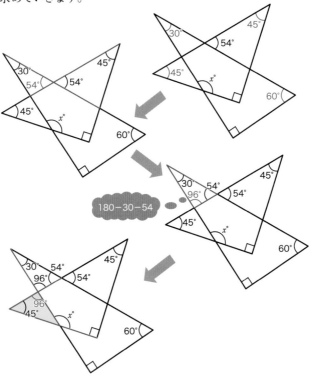

180－30－54

三角形の外角は、離れた2内角の和に等しいので（p.12）、

$$x = 96 + 45$$
$$= 141 \, (°)$$

答え　141°

チャレンジ

1組の三角定規を組み合わせました。

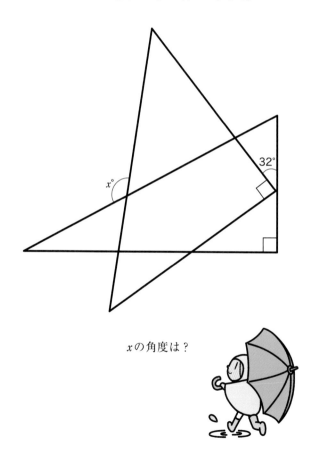

xの角度は？

やはり、三角定規の角度をまず書き込んで、あとはわかるところから求めていきます。

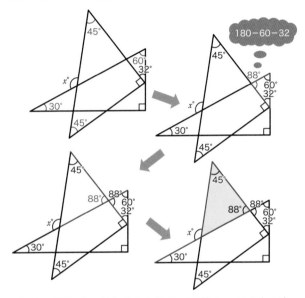

三角形の外角は、離れた2内角の和に等しいので（p.12）、

$$x = 45 + 88$$
$$ = 133（°）$$

答え　133°

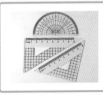

このような問題はたくさんあります。三角定規を使って、自分で問題をつくるのも楽しいでしょう。

★★★★★
20 年をへても変わらないもの

現在、お母さんは50才、娘さんは20才です。

お母さんと娘さんの年齢の比が
3:1だったのは何年前ですか？

　このような計算は、年齢算と呼ばれます。ポイントは、「年齢の差は、過去も現在も未来も変わらない」ということです。

　本問だと、お母さんと娘さんの年齢差は50 − 20 = 30（才）で、これは娘さんが生まれたときから変わっていません。x年前に年齢の比が3 : 1だったとすると、下図のことがわかります（1つめの図は思い浮かべるだけでじゅうぶんです）。

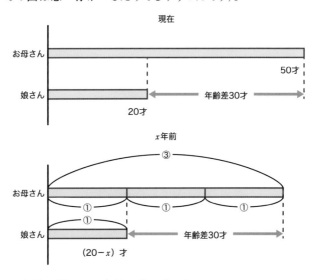

　x年前の娘さんの年齢に注目すると、

$$20 - x = 30 \div 2$$
$$= 15$$
$$x = 20 - 15$$
$$= 5（年）$$

答え　5年前

チャレンジ

現在、お母さんは33才、娘さんは10才です。

お母さんの年齢が、娘さんの年齢の2倍になるのは
何年後でしょうか？

解き方

　お母さんと娘さんの年齢差は、33 − 10 = 23（才）。x 年後に年齢の比が 2：1 になるとすると、下図のことがわかります（1つめの図は思い浮かべるだけでじゅうぶんです）。

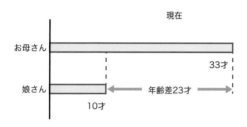

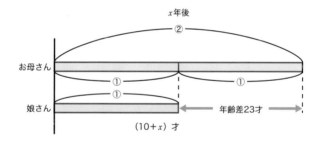

　x 年後の娘さんの年齢に注目すると、

$$10 + x = 23$$
$$x = 23 - 10$$
$$= 13（年）$$

答え　13年後

青い部分の面積の合計は？

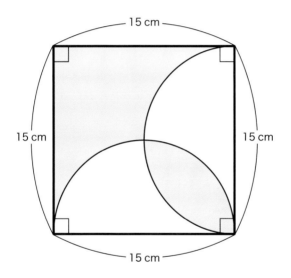

この図形に線を2本引いてみましょう。

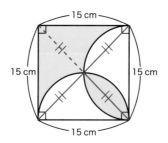

同じ形がありますね？　下図のように移動させても、面積の合計は同じです（このような移動を等積移動といいます）。

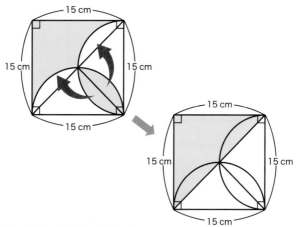

青い部分の面積の合計は、

$$15 \times 15 \div 2 = 112.5 \, (\text{cm}^2)$$

答え　112.5cm²

チャレンジ

青い部分の面積の合計は？
円周率は3.14とします。

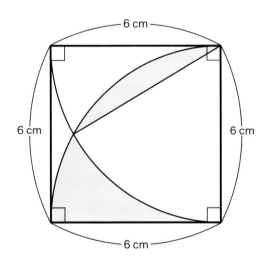

解き方

この図形の下半分にも、半径6cmのおうぎ形の半径にあたる線を引いてみましょう。

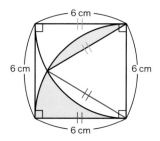

同じ形がありますね？ 下図のように移動させます。青い部分の面積の合計は、半径6cmのおうぎ形の面積と同じです。

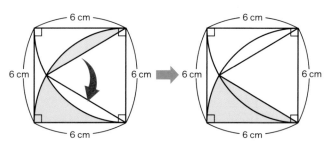

このおうぎ形の中心角は、右図ピンクの部分が正三角形であることから、

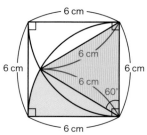

$$90 - 60 = 30\,(°)$$

求める面積は、

$$6 \times 6 \times 3.14 \times \frac{30}{360} = 9.42\,(\text{cm}^2)$$

答え 9.42cm²

チャレンジ

大きい半円の半径は10cm、小さい半円の半径は6cmです。
青い部分の面積の合計は？

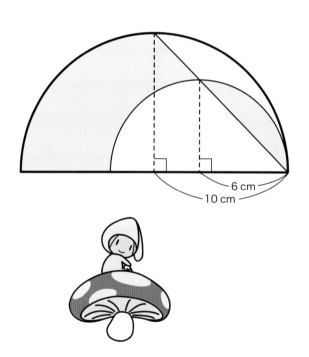

同じ形を移動させると、青い部分は次のようにまとまります。

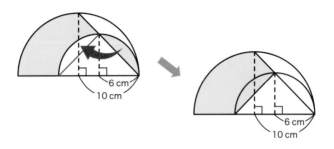

この面積は、足して引くパターン（p.51）と、いくつかに分けるパターン（p.50）の合わせ技で求められます。

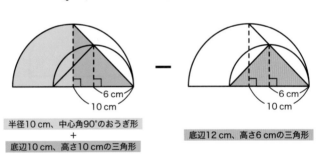

半径10 cm、中心角90°のおうぎ形
＋
底辺10 cm、高さ10 cmの三角形

底辺12 cm、高さ6 cmの三角形

青い部分の面積の合計は、

$$\left(10 \times 10 \times 3.14 \times \frac{90}{360} + 10 \times 10 \div 2 \right) - 12 \times 6 \div 2$$
$$= (78.5 + 50) - 36$$
$$= 92.5 \, (\text{cm}^2)$$

答え　92.5cm²

三角形を3つに分けました。

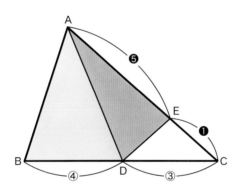

線分の長さの比を、丸囲みの数字で表しています。

三角形ABDと三角形ADEの面積の比は?

ヒント

頂点を共有する三角形は、高さが同じなので

「底辺の比＝面積の比」です！

このような問題では、小さい三角形の面積を①などとおいて、残りの三角形の面積を比率で考えていくと、かんたんです。

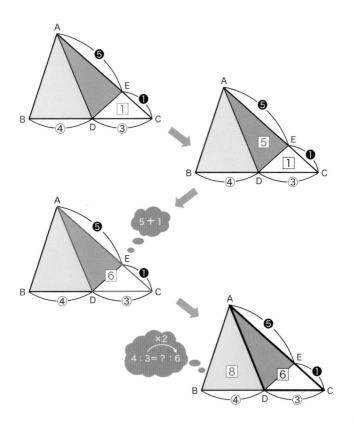

よって、三角形ABDと三角形ADEの面積の比は、8:5。

答え 8:5

チャレンジ

三角形を3つに分けました。

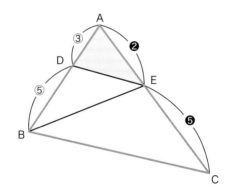

線分の長さの比を、丸囲みの数字で表しています。

三角形ADEと三角形ABCの面積の比は？

　三角形ADEが小さいのですが、これを①とおくと、すぐ分数の計算になってしまい、面倒ですね。③としてみましょう。

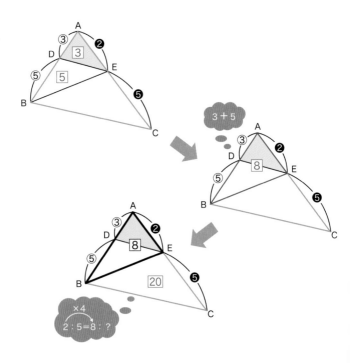

　三角形ADEと三角形ABCの面積の比は、

$$3 : (8 + 20) = 3 : 28$$

答え　3:28

23 ウソと本当の推理

赤、青、黄の3本の旗があり、
Aさん、Bさん、Cさんの3人が
それぞれ1本ずつ持っています。
3人は次のように話しています。

 Aさん「青い旗を持って
います」

 Bさん「私の旗は青では
ありません」

 Cさん「Aさんの旗は青
ではありません」

3人のうち、本当のことを
話しているのは1人だけです。
それは誰でしょうか？

解き方

　本問は、論理パズルなどと呼ばれる、数学パズルの一種です。

　本当のことを話しているのは1人ということなので、Aさんが本当のことを話しているとしたら、Bさんが本当のことを話しているとしたら……といったように、順番に試していきます。話がうまくおさまれば、それが正解です。

● Aさんだけが本当のことを話しているとしたら、

　Ａ「青い旗を持っています」→Aの旗は青

　Ｂ「私の旗は青ではありません」→Bの旗は青

　Ｃ「Aさんの旗は青ではありません」→Aの旗は青

となって矛盾します。

● Bさんだけが本当のことを話しているとしたら、

　Ａ「青い旗を持っています」→Aの旗は赤か黄

　Ｂ「私の旗は青ではありません」→Bの旗は赤か黄

　Ｃ「Aさんの旗は青ではありません」→Aの旗は青

となり、Aさんの旗について矛盾します。

● Cさんだけが本当のことを話しているとしたら、

　Ａ「青い旗を持っています」→Aの旗は赤か黄

　Ｂ「私の旗は青ではありません」→Bの旗は青

　Ｃ「Aさんの旗は青ではありません」→Aの旗は赤か黄

となり、矛盾しません。

答え　Ｃさん

チャレンジ

お笑いのコンテストでA、B、Cの3人が、
最優秀賞（1人）、優秀賞（1人）、特別賞（1人）の
いずれかを獲得しました。
3人は自分の結果について、次のように話しています。

　Aさん「最優秀賞も特別賞ももらっていません」
　Bさん「最優秀賞でした」
　Cさん「優秀賞ではありませんでした」

　3人のうち、1人がウソをついています。
　3人はそれぞれどの賞を獲得したのでしょうか。

この場合も、順に試していきます。

● Aさんがウソをついているとしたら、

　A「最優秀賞も特別賞ももらっていません」→最優秀賞か特別賞

　B「最優秀賞でした」→最優秀賞

　C「優秀賞ではありませんでした」→最優秀賞か特別賞

となり、最優秀賞が1人でなくなり、矛盾します。

● Bさんがウソをついているとしたら、

　A「最優秀賞も特別賞ももらっていません」→ 優秀賞

　B「最優秀賞でした」→優秀賞か 特別賞

　C「優秀賞ではありませんでした」→ 最優秀賞 か特別賞

となり、　　で囲んだ組み合わせが成り立ちます。

　ウソつきはBさんとわかりましたが、念のため、Cさんの場合も試しておきましょう。

● Cさんがウソをついているとしたら、

　A「最優秀賞も特別賞ももらっていません」→優秀賞

　B「最優秀賞でした」→最優秀賞

　C「優秀賞ではありませんでした」→優秀賞

となり、優秀賞について矛盾します。

答え　Aさんが優秀賞、Bさんが特別賞、Cさんが最優秀賞

24 ものとものの間には

ある池のまわりに5m間隔で木を植えたときと
3m間隔で植えたときでは、木の本数が30本違います。
この池のまわりの長さは何mでしょうか？

　植木算の一種ですね。かんたんな例を思い浮かべたり描いたりして、規則性がないか考えます。本問では5と3の最小公倍数が15ですから、まわりの長さ15 mの池を考えてみましょう。

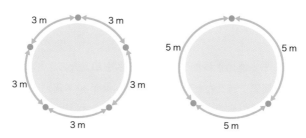

　このときの本数の差は、$(15 \div 3) - (15 \div 5) = 2$（本）です。

　まわりの長さ30 mの池なら、$(30 \div 3) - (30 \div 5) = 4$（本）の差が出ます。このことから、問題の池のまわりの長さをx mとすると、

$$(x \div 3) - (x \div 5) = 30$$

$$x \times \frac{1}{3} - x \times \frac{1}{5} = 30$$

$$x \times \left(\frac{1}{3} - \frac{1}{5} \right) = 30$$

$$x \times \left(\frac{5}{15} - \frac{3}{15} \right) = 30$$

$$x \times \frac{2}{15} = 30$$

$$x = 30 \div \frac{2}{15}$$

$$= 30 \times \frac{15}{2}$$

$$= 225 \,(\text{m})$$

答え　225m

チャレンジ

長さ8cmの紙テープを次々につくり、
その端の1cmをのりしろにして
つないでいったら、全体で204cmになりました。
紙テープを何枚使ったのでしょう？

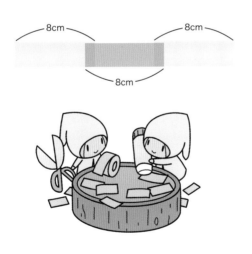

解き方

やはり、1枚、2枚……とかんたんな場合を考えて、規則性を見つけましょう。1枚のときは8cmです。

2枚になると、(8 − 1)cm増えます。長さは、(8 + 7)cm。

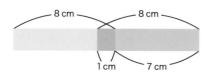

3枚のときは、(8 + 7 × 2)cm。

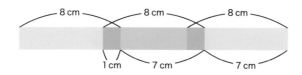

x枚で204cmとすると、

$$8 + 7 \times (x - 1) = 204$$
$$7 \times (x - 1) = 204 - 8$$
$$= 196$$
$$x - 1 = 196 \div 7$$
$$= 28$$
$$x = 29 \, (枚)$$

答え　29枚

チャレンジ

外径（外側の直径）が7cmで
太さが1cmのリングがあります。

外径7cm

太さ1cm

下図のようにして、リングを30個つなぐと、
全体の長さは何cmになりますか？

リングが1個増えたら、2個増えたら……と考えていくと、わかりやすくなります。まず、2個つなげてみましょう。

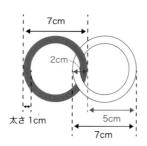

赤い部分の長さがわかるので、全体の長さは、(7 + 5) cmです。次は、3個つなげてみましょう。

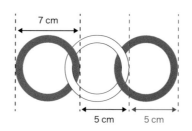

全体の長さは、(7 + 5 × 2) cmです。規則性が見えてきましたね。30個のときは、

$$7 + 5 \times (30 - 1) = 152 \,(\text{cm})$$

答え　152 cm

25 四角に囲むときは 見方を変える

136本のくいを使って、
土地を囲むとします。

下図のように正方形の形にくいを打ちます。
このとき正方形の1辺には何本のくいが並びますか?

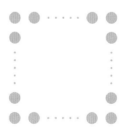

解き方

　このような計算を方陣算といいます。やはり、単純な例で仕組みを考えましょう。1辺の本数が3本の場合で試してみます。

　上図の右のように数えると、かんたんそうです。全部の本数は、

$$(3 - 1) \times 4 = 8(本)$$

　1辺の本数より1本少ないかたまりが、4個あると見るのです。同じように、全部の本数が136本のときについても考えましょう。1辺の本数がx本とすると、

$$
\begin{aligned}
(x - 1) \times 4 &= 136 \\
x - 1 &= 136 \div 4 \\
&= 34 \\
x &= 35(本)
\end{aligned}
$$

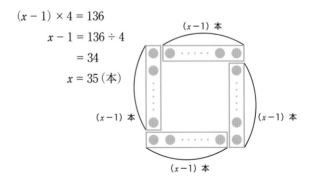

答え　35本

チャレンジ

碁石を下図のように並べました。
中央を空け、そこを2列で囲むようにしています。
外側の1辺にある碁石の数が30個のとき、
碁石の数は全部で何個ですか？

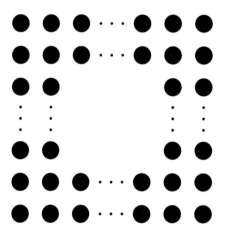

2列になったので、前問より多い個数を例としましょう。外側の1辺にある碁石の数が6個の場合、下図のようになります。

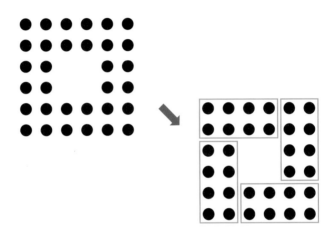

4つのかたまりがあり、1つのかたまりの個数は $(6-2) \times 2$ で求められます。そのため、全部の個数は、

$$(6-2) \times 2 \times 4 = 32（個）$$

同じように、外側の1辺にある碁石の数が30個の場合、碁石の数は全部で、

$$(30-2) \times 2 \times 4 = 224（個）$$

答え　224個

チャレンジ

手持ちのおはじきをしきつめ、正方形をつくります。
ある大きさの正方形までつくったところ、
おはじきが15個余りました。

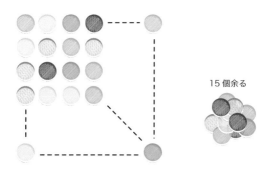

15個余る

あと12個買ってくれば、縦も横も1列多い正方形ができます。
おはじきは全部で何個あるでしょう？

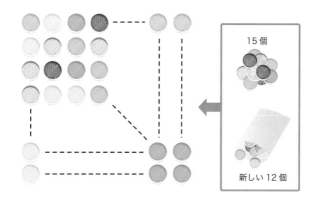

15個

新しい12個

解き方

　縦も横も1列多い正方形にするときに必要な個数を、かんたんな例で考えてみましょう。

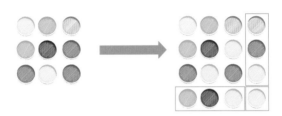

　1辺3個の正方形を4個の正方形にするのに、$(3 \times 2 + 1)$ 個が必要だとわかります。

　また、本問では、縦も横も1列多い正方形にするのに、余っていた15個と新しく買ってきた12個、$15 + 12 = 27$（個）が必要だといいます。

　そこで、15個余っていたときの正方形が1辺x個とすると、

$$x \times 2 + 1 = 27$$
$$x \times 2 = 27 - 1$$
$$= 26$$
$$x = 26 \div 2$$
$$= 13 \,(個)$$

　1辺13個の正方形がつくれて、15個余っていたということなので、おはじきの数は、

$$13 \times 13 + 15 = 184 \,(個)$$

答え　184個

★★★★★
26 図形を折り返したら

長方形を対角線で折り返しました。
xの角度は？

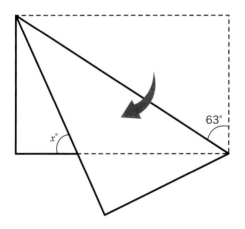

解き方

　折り返した図形は合同ですから、対応する角が等しくなります。わかるところから書き込んでいきましょう。

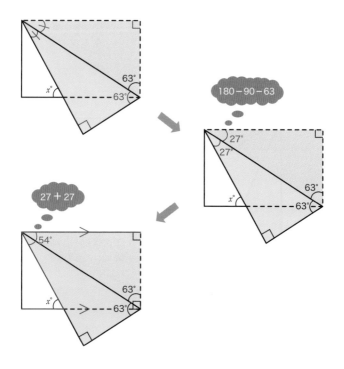

　長方形の向かい合う辺は平行で、平行線の錯角（斜め向かいの角）は等しいため、

$$x = 54 \, (°)$$

答え　54°

チャレンジ

長方形を折り返しました。
xの角度は？

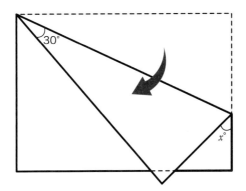

解き方

　やはり、折り返した図形は合同になりますから、わかるところから書き込んでいきましょう。

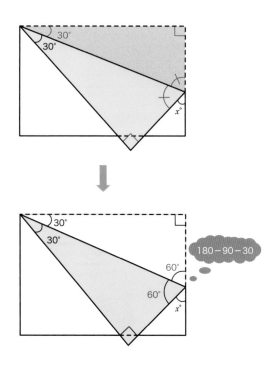

　直線の角度は180°なので、

$$x = 180 - 60 - 60 = 60 \ (°)$$

答え　60°

チャレンジ

正三角形を折り返しました。
xとy、それぞれの角度は？

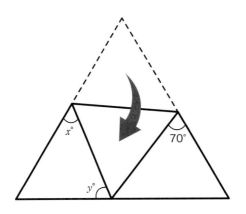

解き方

さしあたり60°のところが4つありますね。それを書き入れて、わかるところから求めていきます。

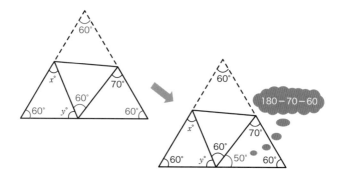

まずは y の角度がわかりますね。直線の角度は180°なので、

$$y = 180 - 60 - 50$$
$$= 70 (°)$$

続いて、左下にできている三角形（ピンクの部分）に注目すると、x の角度がわかります。同じ角度の三角形（黄緑の部分）があるので、計算しなくてよいですね。x の角度は50°です。

答え　x の角度は50°、y の角度は70°

27 形が変わっても同じもの

青い部分の面積は？

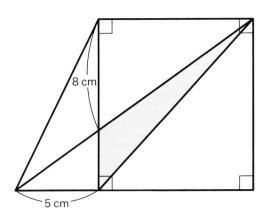

171

解き方

　この図形をよく見てみましょう。下図の赤で囲んだ三角形と緑で囲んだ三角形は、底辺を共有していて、高さも同じです。つまり、面積が同じなのです（このように面積の大きさを変えないで形を変えることを、等積変形といいます）。

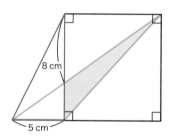

8 cm

5 cm

　さらに共通部分があるので、下図のピンクの部分と青い部分の面積は等しいことがわかります。

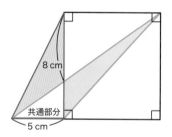

8 cm

共通部分

5 cm

　求める面積は、ピンクの部分の面積と同じなので、

$$8 \times 5 \div 2 = 20 \ (cm^2)$$

答え　20cm²

チャレンジ

青い部分の面積の合計を求めてください。

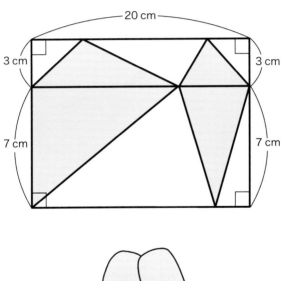

解き方

　今度は、線を描き加えて、面積（底辺と高さの長さ）を変えずに三角形の形を変えていきましょう。

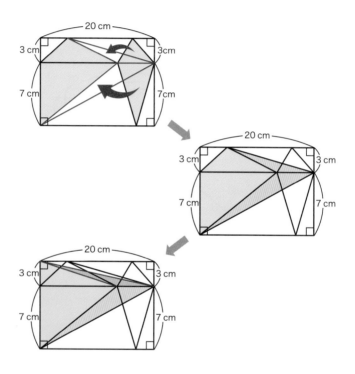

　求めるのは、色を塗った部分の面積なので、

$$(3 + 7) \times 20 \div 2 = 100 \, (\text{cm}^2)$$

答え　100 cm²

チャレンジ

青い部分の面積を求めてください。

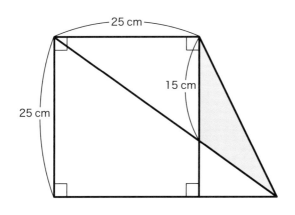

解き方

この問題は、下図の補助線が引ければかんたんです。

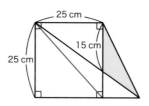

　というのは、p.172と同様に、下図の赤で囲んだ部分と緑で囲んだ部分の面積が同じことから、ピンクの部分の面積が、青い部分の面積と同じとわかるからです。

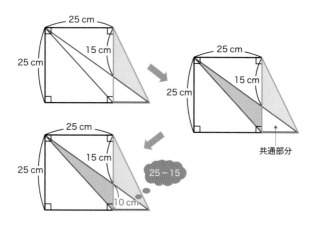

求める面積は、

$$10 \times 25 \div 2 = 125\,(\text{cm}^2)$$

答え　125 cm²

現在、姉の貯金は9000円、
弟の貯金は6000円です。

これから姉は毎月400円ずつ貯め、
弟は600円ずつ貯めることにしています。

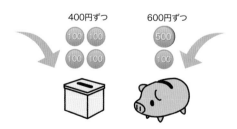

姉と弟の貯金額は、何か月後に同じになるでしょうか？

解き方

　現在の手持ちは姉のほうが弟より多く、9000 − 6000 = 3000 (円) の差があります。

　これから毎月、弟が姉より多く貯めていくことで2人の貯金額が同じになるというのは、弟が姉を追いかけるようにして3000円の差をつめ、追いつくということです。

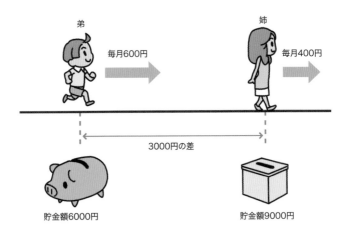

　毎月、600 − 400 = 200 (円) ずつ差をつめていくことになりますから、3000 ÷ 200 = 15 (か月) 後に貯金額が同じになります。

答え　15か月後

いきなりチャレンジ

24gの食塩で10％の食塩水をつくるには、
何gの水が必要ですか？

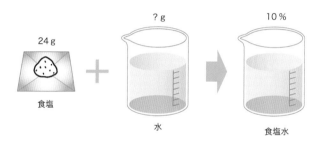

ヒント

食塩が水に溶けて見えなくなるから
わかりにくい、それだけです！

解き方

　問題を少しいいかえると、できあがった食塩水の10％が食塩で、それが24gということです。実際には混ざってしまいますが、食塩水の成分としては、下図で表せます。

　この図を眺めていると、食塩と水の合計は、24gの10倍、240gだとわかります。したがって、水の重さは、(240 − 24)gですね。念のため、式にしてみましょう。

　水をxgとすると、

$$(24 + x) \times \frac{10}{100} = 24$$
$$24 + x = 24 \div \frac{10}{100}$$
$$= 240$$
$$x = 240 - 24$$
$$= 216 \,(\text{g})$$

答え　216 g

いきなりチャレンジ

大きさが違う正方形2つを並べました。
青い部分の面積を求めてください。

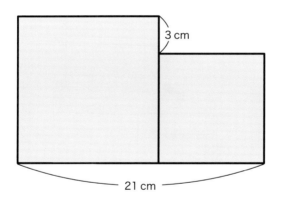

3 cm

21 cm

ヒント

何か図形を足すとわかります！

長さを求めるために線を描き加えます。

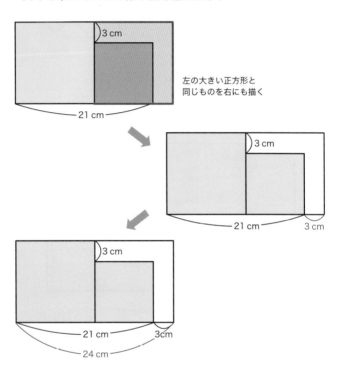

左の大きい正方形と
同じものを右にも描く

上図より、大きいほうの正方形の1辺は、24 ÷ 2 = 12 (cm)。
よって、小さいほうの正方形の1辺は、12 − 3 = 9 (cm)。

青い部分の面積は、

$$12 \times 12 + 9 \times 9 = 225 \, (\text{cm}^2)$$

答え　225cm²

いきなりチャレンジ

とある学校で、男子は全生徒の $\frac{3}{7}$ です。
そのうち、72人が運動部に所属しています。
これは、男子の $\frac{3}{5}$ にあたります。

男子は全生徒の $\frac{3}{7}$

男子の $\frac{3}{5}$ にあたる
72人が運動部

このとき、全生徒は何人でしょう？

解き方

　問題文だけだとややこしそうに見えますが、線分図を描けば、かんたんにイメージがつかめます。

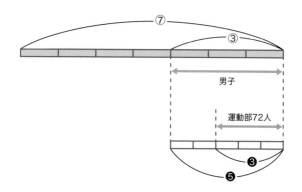

　全生徒の人数がわからないので、x人とおきましょう。すると、男子は$x \times \dfrac{3}{7}$（人）、その$\dfrac{3}{5}$が運動部で72人ということなので、

$$\left(x \times \frac{3}{7} \right) \times \frac{3}{5} = 72$$

$$x \times \frac{9}{35} = 72$$

$$x = 72 \div \frac{9}{35}$$

$$= 72 \times \frac{35}{9}$$

$$= 280 \text{（人）}$$

答え　280人

いきなりチャレンジ

下図のおうぎ形の内部には正方形が入っていて、
さらにこの正方形の1辺を半径とする、
小さなおうぎ形が入っています。

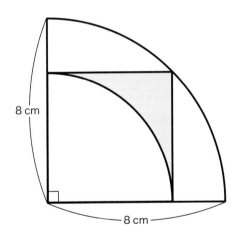

青い部分の面積は何 cm² ですか？
円周率は 3.14 とします。

解き方

　中に入っている正方形の1辺の長さがわかればよいのですが、それはむずかしそうです。けれど、正方形の面積ならわかります。

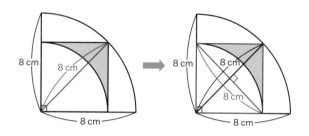

　上図より、「対角線の長さ × 対角線の長さ ÷ 2」で、

$$8 \times 8 \div 2 = 32 \, (\text{cm}^2)$$

となり、これが「正方形の1辺の長さ × 正方形の1辺の長さ」と等しいのです。正方形の1辺の長さをaとすると、

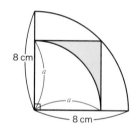

$$a \times a = 32 \, (\text{cm}^2) \, \cdots \cdots ①$$

　青い部分の面積は「1辺aの正方形 − 半径aのおうぎ形」で、

$$a \times a - a \times a \times 3.14 \times \frac{90}{360}$$

と表せます。これに①を代入して、

$$32 - 32 \times 3.14 \times \frac{90}{360}$$
$$= 6.88 \, (\text{cm}^2)$$

答え　6.88cm²

索引

数学

440 数と記号のふしぎ

シンプルな形に秘められた謎と経緯とは？
意外に身近な数学記号の世界へようこそ！

本丸 諒／著

**424 身近なアレを
　　数学で説明してみる**

「なんでだろう？」が「そうなんだ！」に変わる

佐々木 淳／著

412 楽しくわかる数学の基礎

数と式、方程式、関数の
「つまずき」がスッキリ！

星田 直彦／著

403 本当は面白い数学の話

確率がわかればイカサマを見抜ける？
紙を100回折ると宇宙の果てまで届く？

岡部 恒治・本丸 諒／著

442 1分間サイエンス

手軽に学べる科学の重要テーマ200

ヘイゼル・ミュアー/著、伊藤伸子・
内山英一・片神貴子・竹崎紀子・日向
やよい/訳

428 おいしいお茶の秘密

旨味や苦味、香り、色に差が出るワケは？
緑茶・ウーロン茶・紅茶の不思議に迫る

三木 雄貴秀/著

425 人を動かす「色」の科学

1杯のコーヒーから始まる
身近で不思議な世界

松本 英恵/著

423 「ロウソクの科学」が
教えてくれること

炎の輝きから科学の真髄に迫る、
名講演と実験を図説で

尾嶋 好美/編訳、白川 英樹/監修

植物

**433 植物の生きる「しくみ」に
まつわる66題**

はじまりから終活まで、
クイズで納得の生き方

田中 修/著

402 身近な野菜の奇妙な話

もとは雑草？　薬草？　不思議なルーツと
驚きの活用法があふれる世界へようこそ

森 昭彦/著

399 桜の科学

日本の「サクラ」は10種だけ？
新しい事実、知られざる由来とは

勝木 俊雄/著

359 身近にある毒植物たち

"知らなかった"ではすまされない
雑草、野菜、草花の恐るべき仕組み

森 昭彦/著

サイエンス・アイ新書 発刊のことば

science·i

「科学の世紀」の羅針盤

　20世紀に生まれた広域ネットワークとコンピュータサイエンスによって、科学技術は目を見張るほど発展し、高度情報化社会が訪れました。いまや科学は私たちの暮らしに身近なものとなり、それなくしては成り立たないほど強い影響力を持っているといえるでしょう。

『サイエンス・アイ新書』は、この「科学の世紀」と呼ぶにふさわしい21世紀の羅針盤を目指して創刊しました。情報通信と科学分野における革新的な発明や発見を誰にでも理解できるように、基本の原理や仕組みのところから図解を交えてわかりやすく解説します。科学技術に関心のある高校生や大学生、社会人にとって、サイエンス・アイ新書は科学的な視点で物事をとらえる機会になるだけでなく、論理的な思考法を学ぶ機会にもなることでしょう。もちろん、宇宙の歴史から生物の遺伝子の働きまで、複雑な自然科学の謎も単純な法則で明快に理解できるようになります。

　一般教養を高めることはもちろん、科学の世界へ飛び立つためのガイドとしてサイエンス・アイ新書シリーズを役立てていただければ、それに勝る喜びはありません。21世紀を賢く生きるための科学の力をサイエンス・アイ新書で培っていただけると信じています。

2006年10月

※サイエンス・アイ（Science i）は、21世紀の科学を支える情報（Information）、
　知識（Intelligence）、革新（Innovation）を表現する「i」からネーミングされています。

science·i

サイエンス・アイ新書

SIS-443

https://sciencei.sbcr.jp/

快感数学ドリル

思わず大人も没頭する
文章題と図形の問題

2020年3月25日　初版第1刷発行

著　　者	間地秀三
発 行 者	小川　淳
発 行 所	SBクリエイティブ株式会社
	〒106-0032　東京都港区六本木2-4-5
	電話：03-5549-1201（営業部）
装　　丁	渡辺　縁
組　　版	クニメディア株式会社
印刷・製本	株式会社シナノ パブリッシング プレス

乱丁・落丁本が万が一ございましたら、小社営業部まで着払いにてご送付ください。送料
小社負担にてお取り替えいたします。本書の内容の一部あるいは全部を無断で複写（コピ
ー）することは、かたくお断りいたします。本書の内容に関するご質問等は、小社科学書籍
編集部まで必ず書面にてご連絡いただきますようお願いいたします。

本書をお読みになったご意見・ご感想を
下記URL、右記QRコードよりお寄せください。
https://isbn.sbcr.jp/98595/

©間地秀三　2020　Printed in Japan　ISBN 978-4-7973-9859-5

☰ SB Creative